AF635631

C-17 GLOBEMASTER

Wolfgang Borgmann

Motor
buch
Verlag

Einbandgestaltung: Joachim Schreiber

Fotos Vorder-/Rückseite: US Army/USAF

Eine Haftung des Autors oder des Verlages und seiner Beauftragten für Personen-, Sach- und Vermögensschäden ist ausgeschlossen.

ISBN 978-3-613-04462-3

Copyright © by Motorbuch Verlag, Postfach 103743, 70032 Stuttgart.
Ein Unternehmen der Paul Pietsch-Verlage GmbH & Co. KG

1. Auflage 2023

Sie finden uns im Internet unter
www.motorbuch.de

Nachdruck, auch einzelner Teile, ist verboten. Das Urheberrecht und sämtliche weiteren Rechte sind dem Verlag vorbehalten. Übersetzung, Speicherung, Vervielfältigung und Verbreitung einschließlich Übernahme auf elektronische Datenträger wie DVD, CD-ROM usw. sowie Einspeicherung in elektronische Medien wie Internet usw. ist ohne vorherige Genehmigung des Verlages unzulässig und strafbar.

Lektorat: Günther Nord
Innengestaltung: Günther Nord, 69434 Heddesbach
Druck: Conzella, 85609 Aschheim-Dornach, Printed in Germany

Inhalt

Eine Boing C-17 Globemaster III der 437th AW landet auf ihrem Heimatstandort Charleston. (U.S. Air Force/Tech. Sgt. Rasheen Douglas)

Vorwort

Die Boeing C-17 Globemaster III wurde am 14. Juni 1993 in Dienst gestellt und ist das neueste und vielseitigste Transportflugzeug der US Air Force.

Sie ist in der Lage, Truppen und jede Art anderer Fracht schnell und strategisch zu den wichtigsten Operationsbasen oder direkt zu kleinen, abgelegenen Flugplätzen zu transportieren. Es können auch taktische Lufttransport- und Abwurfmissionen durchgeführt oder ambulante Patienten während der Evakuierungen durch Fachpersonal medizinisch betreut werden.

Eine dreiköpfige Besatzung (Pilot, Copilot und Lademeister) bedient die C-17. Sie kann etwa 77 Tonnen (170.000 Pfund) Fracht transportieren. Durch ihre große hintere Tür kann sie fast alle lufttransportierbaren Fahrzeuge und Frachtpaletten der US-Armee aufnehmen, einschließlich des 66 Tonnen schweren Kampfpanzers M-1 Abrams. Die C-17 kann auf Start- und Landebahnen von nur 3.500 Fuß Länge und 90 Fuß Breite starten und landen. Um die Maschine bei Landungen zu verlangsamen, können die vier Pratt & Whitney F117-PW-100-Triebwerke ihren Schub umkehren. Die Schubumkehrer lenken die Motorabgase nach oben und nach vorne, um zu verhindern, dass Staub und Schmutz in die Motoreinlässe gesaugt wird. Diese reversiblen Triebwerke ermöglichen es dem Piloten auch, das Flugzeug rückwärts oder sogar auf einer schmalen Landebahn mit einer Dreipunkt-Sternwendemethode zu wenden.

Der ursprünglich von der Douglas Aircraft Co. gebaute Prototyp mit der Bezeichnung T-1 (S/N 87-0025) absolvierte seinen Erstflug am 15. September 1991. Die T-1 unterstützte in einem umfangreichen Flugtestprogramm auf der Edwards Air Force Base der USAF in Kalifornien viele andere Flug- und Antriebstestprogramme für die USAF, die NASA und andere Organisationen. Erst nach 20 Jahren umfassender Flugtests hatte diese Maschine das Ende ihrer Flugkarriere erreicht und wurde 2011 bei der Edwards AFB ausgemustert. T-1 wurde zum Museum geflogen, wo sie ab April 2012 eine neue Karriere als wichtiges flughistorisches Ausstellungsobjekt starten konnte.

T-1 wurde auch zum Filmstar und trat in einer Reihe großer Kinofilme auf, darunter »Transformers« (2007), »Transformers: Revenge of the Fallen« (2009), »Iron Man« (2008) und »Iron Man 2« (2010).

Am 12. September 2013 sprach Dennis Muilenburg, Präsident und CEO von Boeing Defence, Space and Security, während einer Zeremonie zum Gedenken an die Auslieferung der letzten C-17 Globemaster III, P-223, auf der Joint Base Charleston zum Publikum. Dieses historische Ereignis ereignete sich mehr als 20 Jahre nachdem das 437. Luftbrückengeschwader und das 315. AW im Jahre 1993 die allererste C-17 in Empfang genommen und in das Inventar der Air Force aufgenommen hatten. Es markiert den Abschluss einer großen Erfolgsgeschichte.

Der Prototyp der C-17 Globemaster III (T-1) absolvierte ihren Erstflug am 15. November 1991 auf der Edwards Air Force Base, Kalifornien. (U.S. Air Force)

Der weite Weg zur Globemaster III

Wie der Name vermuten lässt, handelt es sich bei der C-17 bereits um den dritten »Globemaster«-Militärtransporter aus dem Hause Douglas und McDonnell Douglas.

Die erste Globemaster war eine viermotorige Maschine mit der Typenbezeichnung C-74, die als Nachfolgerin der Douglas DC-4 (C-54) Skymaster und DC-6 (C-118) Liftmaster an die U.S. Army Air Force (USAAF) ausgeliefert wurde. Im Gegensatz zu ihren erfolgreichen Vorgängerinnen konnte Douglas jedoch nur einen Auftrag für insgesamt 14 Exemplare der ersten Globemaster erhalten. Bei ihrem Erstflug im Jahr 1946 war die von Pratt & Whitney Kolbenmotoren des Typs R-4360-49 angetriebene Globemaster das weltweit leistungsfähigste Transportflugzeug. Ihre Nutzlast lag bei 86 Tonnen – und damit über allem, was ihre Konkurrentinnen in der Lage waren in die Luft zu bringen. Ihre Reichweit war groß genug um den Globus mit nur zwei Zwischenlandungen zu umrunden.

Douglas hatte auch eine Zivilausführung der C-74 geplant, doch fanden sich dafür keine Kunden. So machte sich der Hersteller an den Bau eines noch größeren Militärtransporters, um den steigenden Transportbedarf des amerikanischen Militärs zu den rund um den Globus verteilten Militärbasen zu gewährleisten. So entstand die C-124 »Globemaster II«.

Dank ihrer zwei Decks, eines für bis zu 200 voll ausgerüsteten Soldaten, und eines für militärische Ausrüstung, bis hin zur Größe eines Panzers, lag die Nutzlast mit fast 100 Tonnen erneut auf damaligem Rekordniveau. Das Hauptdeck war so groß, dass es 94 Prozent der damals vom US-Militär eingesetzten Fahrzeuge voll aufgerüstet aufnehmen konnte. Nicht nur Panzer, sondern auch Lkw, Geschütze – bis hin zu Bulldozern. Abgesehen von einer zum Prototypen umgebauten C-74 stellte Douglas 204 Stücke der C-124A her. Das erste Exemplar wurde im Mai 1950 an die Streitkräfte übergeben – nur zwei Monate vor Beginn des Koreakrieges. Und so verwundert es nicht, dass die Globemaster II überwiegend zwischen den USA und Südostasien mit Personal und Fracht pendelten. Den C-124A folgte eine Versuchsversion mit Turboprop-Antrieb, YC-124B genannt, doch folgten als größerer Auftrag schließlich 243 C-124C mit den konventionellen Kolbentriebwerken. Diese unterschieden sich von der »A«-Version überwiegend durch eine höhere Nutzlast und größere Reichweite. Äußerlich zeichneten sich die Maschine durch eine »Radarnase« aus – und dies war wörtlich zu nehmen. Wurde dieses damals neue Hilfsmittel nicht aerodynamisch in den Bug integriert, sondern ragte weit nach vorne aus diesem heraus. Nach dem Koreakrieg kamen den C-124-Versionen auch im Vietnamkrieg eine große Bedeutung zu, wurden jedoch schrittweise bereits in dessen Verlauf durch die Jet-Transporter C-141 Starlifter und C-5 Galaxy von Lockheed abgelöst.

Mitte der 60er-Jahre flogen die meisten Globemaster II bei der Air National Guard und den Air Force Reserve-Einheiten – bis das letzte Exemplar 1974 in den Ruhestand geschickt wurde. Douglas war von seiner C-124 überzeugt, und plante ihr mit gestreckten Flügeln, vergleichbar mit einem DC-8-Jet und Turboprops nochmals ein neues Leben einzuhauchen. Davon zeugen bis heute erhaltene Werbemodelle, mit denen die Verantwortlichen der U.S. Air Force und des U.S. Kongresses von diesem Konzept überzeugt werden sollten. Dieses hätte die Globemaster III werden können, doch wurde die vom Militär als C-132 geführte Idee nie realisiert. An ihre Stelle trat die ebenfalls als Turboprop konzipierte C-133. Sie verfügte über eine höhere Nutzlast als die Globemaster II und Douglas stellte insgesamt 35 Exemplare des »A«-Modells zwischen 1954 und 1957, und 15 C-132B zwischen 1959 und 1961 her.

Damit endete die Produktion von Douglas-Militärtransportern für über eine Dekade. Das kalifornische Traditionsunternehmen unterlag Lockheed, wie Boeing, bei der Ausschreibung für die C-5 Galaxy, und konnte auch keine Militärversionen der zivilen DC-7 und DC-8 verkaufen. Lediglich die zweistrahlige DC-9 erhielt als Ambulanzversion C-9 Nightingale den Zuschlag der U.S. Air Force.

Erst 1972 lud die amerikanische Luftwaffe sowohl Boeing als auch die mittlerweile mit McDonnell zu McDonnell Douglas firmierte Firma zum Advanced Medium Short Takeoff and Landing Transport (AAMST)-Programm ein. Geplant war ein Flugzeugtyp, der die C-130 Hercules ablösen, und von unbefestigten, kurzen Pisten in den Kampfzonen aus operieren sollte. Sowohl Boeing als auch McDonnell Douglas bauten mit den YC-14 und YC-15 je zwei Prototypen, die über ein T-Leitwerk, als Schulterdecker konzipierte Tragflächen und einen breiten Rumpf verfügten. Während Boeing ein zweistrahliges Konzept, mit über den Tragflächen liegenden Motoren entwickelte, baute McDonnell Douglas einen Vierstrahler. Die Testphase der vier Prototypen dauerte bis 1979, als das Projekt von der damaligen Carter-Administration gestoppt wurde.

Doch bereits im Folgejahr, genau im Oktober 1980, bat die U.S. Air Force erneut die amerikanischen Flugzeugbauer um Vorschläge für ein jetzt C-X (Cargo Experimental) genanntes Muster. Dieses sollte ebenfalls unbefestigte Pisten in den Frontgebieten anfliegen und dabei mehr Tonnage als eine C-130 Hercules befördern können. Eine weitere Forderung lautete, dass die C-X die identischen Frachtsendungen, wenn auch nicht so viele, wie eine C-5 Galaxy aufnehmen kann. Dank Luft-zu-Luft-Betankung sollte sie alle vorstellbaren Krisenregionen erreichen können, und somit die zuvor erforderliche Umladung von den riesigen C-5 auf die kleineren C-130 erübrigen.

Die ersten Vorschläge gingen im Januar 1981 bei der Air Force ein, und bereits am 28. August des Jahres wurde die Douglas Long Beach-Division von McDonnell Douglas mit dem Bau des nun C-17 genannten Transporters beauftragt. Entwicklungsprobleme und begrenzte finanzielle Mittel führten in den späten 1980er-Jahren schließlich zu einigen Verzögerungen. In dieser Zeit wurde Kritik an den in der Entwicklung befindlichen Flugzeugen geäußert und die Frage nach kostengünstigeren Alternativen gestellt.

Im April 1990 reduzierte Verteidigungsminister Dick Cheney die Bestellung von 210 auf 120 Flugzeuge. Der Erstflug der C-17 fand am 15. September 1991 vom McDonnell Douglas-Werk in Long Beach, Kalifornien, statt, etwa ein Jahr später als geplant. Das erste Flugzeug (T-1) und fünf weitere Produktionsmodelle (P1 – P5) nahmen an umfangreichen Flugtests und Bewertungen auf der Edwards Air Force Base teil. Zwei komplette Flugzeugzellen wurden für statische und wiederholte Belastungstests gebaut.

McDonnell Douglas veröffentlichte in den 90er-Jahren diese Übersicht ihrer drei gebauten Globemaster-Modelle C-74, C-124 und C-17. (Sammlung Wolfgang Borgmann)

Die Erklärung von McDonnell Douglas zu der auf der vorherigen Seite abgebildeten Illustration. (Sammlung Wolfgang Borgmann)

BOEING

C-74 GLOBEMASTER

The Globemaster's proud heritage began with the inaugural flight of the C-74 in 1945. At the time, the 86-ton Douglas Aircraft Company C-74 was the largest transport landplane in service, accommodating 125 troops, 115 stretchers, or 48,150 pounds of cargo. Loading was accomplished using two onboard traveling overhead cranes and a built-in cargo lift aft of the wing. The C-74, dubbed "Old Bug Eyes" by many pilots, originally had a side-by-side cockpit canopy. With a maximum range of 7,250 miles, the C-74 could circumnavigate the globe with only two stops. With the end of World War II, production of the C-74 was curtailed and only 14 aircraft were delivered to the Air Force. A decision was made to modify the C-74 design into what became the C-124.

C-124 GLOBEMASTER II

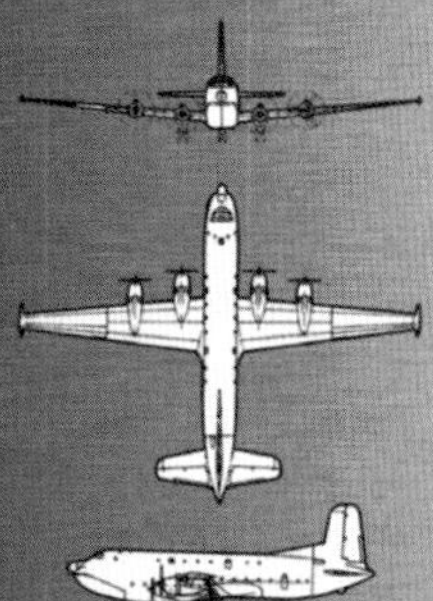

The C-124 prototype made its first flight in Long Beach, Calif., in 1949. Delivery of production aircraft began in 1950, and nearly 400 C-124s were produced by Douglas Aircraft during a five-year period. The double-deck C-124 could carry 74,000 pounds, more than one and one-half times the payload of the C-74. With its impressive clamshell, nose-loading doors and built-in loading ramp, vehicles could drive in and out of the aircraft. The C-124—referred to as "Old Shakey" by the crews—served as the workhorse for the U.S. Air Force during the Korean conflict. During its distinguished 25 years of service with MATS and later MAC, the C-124 participated in numerous military and humanitarian relief missions worldwide.

C-17 GLOBEMASTER III

America's newest airlifter will carry the Globemaster tradition well into the 21st century. The C-17 represents a new dimension in airlift, combining benefits of both strategic and tactical airlift in one airframe. Flying intercontinental distances and landing at small, austere airfields with runways as short as 3,000 feet, it can transport outsized equipment, paratroops, military supplies or humanitarian aid to crisis areas around the globe. The C-17 can carry approximately 170,000 pounds—more than twice the payload of the C-124. The Air Force has contracted to buy 120 Globemaster IIIs and identified a requirement for 15 additional C-17s for Special Operations missions. First flight was on Sept. 15, 1991, and the first operational wing is at Charleston AFB, S.C., with the Air Mobility Command.

THE BOEING COMPANY

8M000900 1-98 PRINTED IN USA

Die restaurierte C-124 Globemaster II landet am 10. Juni 1984 am Ende ihres letzten Fluges. Das Flugzeug wird dauerhaft im Travis Air Force Museum ausgestellt. 10. Juni 1984. (Luftwaffenmuseum)

Besucher versammeln sich nach der gerade erfolgten Landung an der Fluglinie, um die restaurierte C-124 Globemaster II zu inspizieren. (Luftwaffenmuseum)

Eine weitere Flugansicht vom 10. Juni 1984. Es zeigt die linke Seite der restaurierten C-124 Globemaster II in der Nähe der Golden Gate Bridge. (Luftwaffenmuseum)

Douglas C-124C Globemaster II, ausgestellt in der Korea War Gallery im Nationalmuseum der U.S. Air Force, Dayton, Ohio. (U.S. Air Force/ Ken LaRock)

Douglas C-124C Globemaster II Cockpit in der Korean War Gallery des National Museum of the U.S. Air Force in Dayton, Ohio. (U.S. Air Force)

Entwicklungsschwierigkeiten

Ein statischer Test des C-17-Flügels im Oktober 1992 führte zu einem Versagen bei 128 % der Auslegungslast, was unter den geforderten 150 % lag. Beide Flügel knickten hinten nach vorne ein, und es kam zu Ausfällen in Stringern, Holmen und Rippen. Etwa 100 Millionen Dollar wurden ausgegeben, um die Flügelstruktur neu zu konstruieren; bei einem zweiten Test im September 1993 versagte der Flügel bei 145 %. Eine Überprüfung der Testdaten ergab jedoch, dass der Flügel nicht korrekt belastet war und die Anforderungen tatsächlich erfüllte. Die C-17 erhielt Anfang 1993 den Namen »Globemaster III«. Ende 1993 gab das Verteidigungsministerium (DoD) dem Auftragnehmer zwei Jahre Zeit, um Produktionsprobleme und Kostenüberschreitungen zu lösen oder den Vertrag nach der Auslieferung des 40. Flugzeugs zu beenden. Durch die Annahme der Bedingungen von 1993 erlitt McDonnell Douglas in der Entwicklungsphase des Programms einen Verlust von fast 1,5 Milliarden US-Dollar.

Im März 1994 wurde das Non-Developmental Airlift Aircraft Program ins Leben gerufen, um ein Transportflugzeug auf kommerzieller Basis als mögliche Alternative oder Ergänzung zur C-17 zu beschaffen. Zu den anfänglich in Betracht gezogenen materiellen Lösungen gehörten: der Kauf einer modifizierten Boeing 747-400 NDAA, die Wiederaufnahme der C-5-Produktionslinie, die Verlängerung der Lebensdauer der C-141 und die Fortsetzung der C-17-Produktion. Die Auswahl beschränkte sich schließlich auf die Boeing 747-400, die Lockheed Martin C-5D und die McDonnell Douglas C-17. Das NDAA-Programm wurde ins Leben gerufen, nachdem das C-17-Programm vorübergehend auf 40 Flugzeuge begrenzt wurde, bis die Kosten und die Leistung der C-17 weiter evaluiert und die Alternativen für den kommerziellen Lufttransport geprüft waren.

Im April 1994 blieb das Programm über dem Budget und erfüllte nicht die Spezifikationen für Gewicht, Treibstoffverbrauch, Nutzlast und Reichweite. Bei den Lufttüchtigkeitsprüfungen fielen mehrere Schlüsselkriterien durch und es wurden Probleme mit der Missionssoftware, dem Fahrwerk und anderen Bereichen festgestellt. Im Mai 1994 wurde vorgeschlagen, die Produktion auf bis zu 32 Flugzeuge zu kürzen; diese Kürzungen wurden später wieder zurückgenommen. Ein Bericht des Government Accountability Office (GAO) vom Juli 1994 enthüllte, dass Studien der USAF und des Department of Defence aus den Jahren 1986 und 1991 besagten, dass die C-17 6.400 Start- und Landebahnen außerhalb der USA mehr nutzen könnte als die C-5, aber diese Studien hatten nur die Abmessungen der Start- und Landebahnen berücksichtigt, nicht aber die Stärke der Start- und Landebahnen oder die Lastklassifizierungsnummern (LCN). Die C-5 hat eine niedrigere LCN, aber die USAF stuft beide in dieselbe große Lastklassifizierungsgruppe ein. Berücksichtigt man die Abmessungen der Start- und Landebahnen und die Tragfähigkeitsklassen, schrumpfte der weltweite Vorsprung der C-17 gegenüber der C-5 von 6.400 auf 911 Flugplätze. Der Bericht stellte auch fest, dass »die derzeitige Militärdoktrin die Nutzung kleiner, karger Flugplätze nicht widerspiegelt», so dass die Fähigkeit der C-17 zur Nutzung kurzer Flugplätze nicht berücksichtigt wurde.

In einem GAO-Bericht vom Januar 1995 hieß es, dass die USAF ursprünglich geplant hatte, 210 C-17 zu Kosten von 41,8 Milliarden Dollar zu bestellen, und dass die 120 bestellten Flugzeuge 39,5 Milliarden Dollar kosten sollten, basierend auf einer Schätzung von 1992. Im März 1994 entschied die U.S. Army, dass sie die das mit der C-17 gelieferte Fallschirmabwurfsystem für niedrige Höhen nicht benötigte, und dass die Fähigkeit der C-130, 19.000 kg abwerfen zu können, ausreichend sei. Die Tests der C-17 wurden auf dieses geringere Gewicht beschränkt. Probleme mit der Luftströmung hinderten die C-17 daran, die Anforderungen für den Abwurf aus der Luft zu erfüllen. Ein GAO-Bericht vom Februar 1997 ergab, dass eine C-17 mit voller Nutzlast nicht auf einer 910 m (3.000 ft) langen nassen Landebahn landen konnte; Simulationen ergaben, dass eine Entfernung von 1.500 m (5.000 ft) erforderlich war. Die YC-15 wurde im März 1997 an AMARC übergeben, um für weitere Flugtests für das C-17-Programm wieder flugfähig gemacht zu werden. Im September 1995 waren Berichten zufolge die meisten Probleme gelöst, und die C-17 erfüllte alle Leistungs- und Zuverlässigkeitsziele. Die erste Staffel der USAF wurde im Januar 1995 für einsatzbereit erklärt.

1996 bestellte das Verteidigungsministerium weitere 80 Flugzeuge, insgesamt also 120. 1997 fusionierte McDonnell Douglas mit dem einheimischen Konkurrenten Boeing. Im April 1999 bot Boeing an, den Stückpreis der C-17 zu senken, wenn die USAF 60 weitere Flugzeuge kauft; Im August 2002 wurde der Auftrag auf 180 Flugzeuge erhöht. 2007 waren 190 C-17 für die USAF bestellt. Am 6. Februar 2009 erhielt Boeing einen Auftrag im Wert von 2,95 Milliarden Dollar für 15 weitere C-17, wodurch sich die Gesamtflotte der USAF auf 205 Flugzeuge erhöhte und die Produktion von August 2009 bis August 2010 verlän-

McDonnell Douglas plante mit der MD17 einen zivilen, aus der militärischen C-17 abgeleiteten Frachter auf den Markt zu bringen. Die Pläne scheiterten jedoch an dem mangelnden Interesse der Airlines. (Sammlung Wolfgang Borgmann)

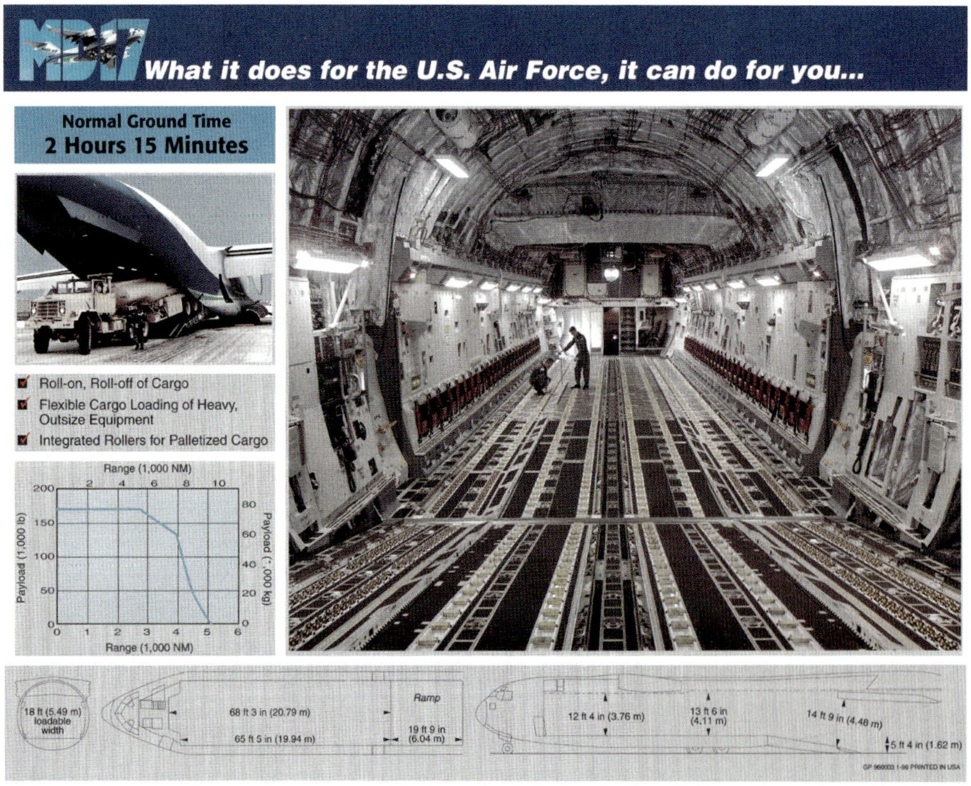

gert wurde. Am 6. April 2009 erklärte US-Verteidigungsminister Robert Gates, dass über die 205 geplanten C-17 hinaus keine weiteren Maschinen bestellt würden, doch am 12. Juni 2009 fügte der Unterausschuss für Luft- und Landstreitkräfte des Repräsentantenhauses weitere 17 C-17 hinzu. Im Jahr 2010 reduzierte Boeing die Produktionsrate von ursprünglich 16 Flugzeugen – auf 10 Flugzeuge pro Jahr, da die Aufträge zurückgingen und die Lebensdauer der Produktionslinie verlängert werden sollte, während zusätzliche Aufträge gesucht wurden. Die Belegschaft wurde bis 2012 um etwa 1.100 Mitarbeiter reduziert, eine zweite Schicht im Werk Long Beach wurde ebenfalls gestrichen. Bis April 2011 wurden 230 C-17 ausgeliefert, davon 210 an die USAF. Der C-17-Prototyp »T-1« wurde 2012 ausgemustert, nachdem er von der USAF als Testmuster verwendet worden war. Im Januar 2010 kündigte die USAF das Ende der leistungsbezogenen Logistikverträge mit Boeing zur Instandhaltung des Typs an. Am 19. Juni 2012 bestellte die USAF ihre 224. und letzte C-17, um eine im Juli 2010 in Alaska abgestürzte Maschine zu ersetzen.

Anlässlich der Produktionseinstellung erschien am 26. Februar 2015 dieser Artikel in dem US-Medium Press-Telegram:

Long Beach – »Nichts währt ewig«!

Das ist die Botschaft, die ein Boeing-Werksarbeiter auf den Rumpf des 279. und letzten C-17 Globemaster-Flugzeugs gekritzelt hat, das am Donnerstag in der Produktionsstätte in Long Beach zusammengebaut wird, wo das Mammutflugzeug seit rund einem Vierteljahrhundert gebaut wird. Am Donnerstag versammelten sich die Arbeiter, um an der letzten großen Zusammenfügung» einer C-17 Globemaster teilzunehmen oder zumindest dabei zuzusehen, die jemals stattfinden soll. »Das ist der Moment, in dem alle wichtigen Komponenten zusammenkommen, um eine C-17 zu bauen«, sagte Anthony Murray, ein leitender Manager für Produktionsabläufe bei Boeing, der für die Arbeiten verantwortlich war. Das Werk in Long Beach, in dem Boeing die C-17 herstellte, soll irgendwann in diesem Sommer geschlossen werden. Mit dem bevorstehenden Ende der C-17-Produktion dürfte die Ära der Großflugzeugproduktion in Long Beach zu Ende gehen, wo die Herstellung so berühmter militärischer und ziviler Flugzeuge wie der B-17 Flying Fortress und des DC-10-Flugzeugs von den Jahren des Zweiten Weltkriegs bis in die Zeit nach dem Kalten Krieg Abertausende von Menschen beschäftigte. »Wir erleben hier einen Teil der Geschichte. Leider ist es das Ende«, sagte der 28-jährige Boeing-Mitarbeiter Alfred Tellez. »Wenn man über Flugzeuge in Südkalifornien spricht, ist dies das letzte große Hurra.« Die Luft- und Raumfahrt ist in Long Beach jedoch noch nicht tot. Virgin Galactic hat Pläne für den Bau von Satelliten-Trägerraketen auf dem Gelände angekündigt, auf dem Boeing-Mitarbeiter früher Flugzeuge hergestellt haben. Tellez sagte, er gehe davon aus, dass kommerzielle Raumfahrtunternehmen wie Virgin Galactic oder Space Exploration Technologies, bekannt als SpaceX, die Zukunft der Luft- und Raumfahrt in der Region sein werden. Die Geschichte der C-17 geht auf das Jahr 1980 zurück, als die US-Luftwaffe ein großes Frachtflugzeug benötigte, das auf unwegsamen Landebahnen starten und landen konnte. McDonnell Douglas, das später von Boeing übernommen wurde, gelang dies 1991, als die erste C-17 in die Luft ging. Murray, der seit 1990 an der C-17 arbeitet, sagte, dass der erste große Zusammenbau etwa eine Woche dauerte; am Donnerstag wurde ein Großteil dieser Arbeit an einem einzigen Vormittag erledigt. Kurz vor 9 Uhr ertönte in der riesigen Montagehalle in Long Beach ein Alarm, als Arbeiter einen Industriekran einsetzten, um die Bugbaugruppe der C-17, zu der auch das Cockpit gehört, über den großen blauen Rollwagen zu heben, auf dem die Baugruppe zur Vorbereitung auf die Aufgabe platziert worden war. Die Arbeiter benutzten den Kran, um die Flugzeugbaugruppe zu einem großen Spezialgerät in der Nähe der Struktur, die den Hauptrumpf trägt, zu bewegen. Die Bugbaugruppe wurde dann abgesenkt, so dass sie sich in der Mitte einer im Wesentlichen U-förmigen Struktur befand, mit Treppen auf beiden Seiten der Stelle, an der die Bugbaugruppe ruhen konnte. Mit Hilfe unsichtbarer Luftkissen an der Basis dieser Struktur manövrierten die Arbeiter die Nasenbaugruppe zurück in Richtung Rumpf, so dass die massiven Bauteile nur noch wenige Zentimeter voneinander getrennt waren. Als Nächstes kamen die Tragflächen, die ebenfalls mit einem Kran über die Fabrikhalle getragen wurden. Anschließend schleppten die Boeing-Mitarbeiter die Heckbaugruppe in die richtige Position. Allem Anschein nach war es ein erfolgreicher Vormittag in der Fabrik. Doch mit diesem Erfolg rückte auch das Ende der C-17-Produktion immer näher. »Es ist sehr emotional. Man verbringt die meiste Zeit seines Lebens mit diesen Menschen, mehr als mit seiner eigenen Familie«, sagte Murray. »Die meisten von ihnen sind seit 25, 30 Jahren hier, und sie werden zu einer Familie. Die Boeing Co. lieferte im September 2013 ihre 223. und letzte C-17 an die Luftwaffe aus. Das Luft- und Raumfahrtunternehmen hat die C-17 seitdem nur noch an andere Länder verkauft, darunter Australien, Kanada, Indien und Kuwait. Bis Donnerstag hat Boeing sieben unverkaufte C-17, die auf Kunden warten, wie das Unternehmen mitteilte. Australien wird möglicherweise zwei dieser Flugzeuge erwerben, und das Unternehmen konnte einen Bericht der Nachrichtenagentur Reuters nicht bestätigen, wonach die Vereinigten Arabischen Emirate soeben zwei dieser Flugzeuge erworben haben. Das endgültige Schicksal des C-17-Werks von Boeing ist nicht öffentlich bekannt. Die Zahl der Beschäftigten ist von 2.200 (davon etwa 1.700 gewerkschaftlich organisierte Mitarbeiter), als Boeing Ende 2013 die Schließung ankündigte, auf einige Hundert gesunken. Einige der mehr als 2.000 Beschäftigten in Long Beach, die von der Schließung betroffen sind, sind bereits in den Ruhestand gegangen oder in andere Boeing-Standorte außerhalb des Bundesstaates gewechselt, aber viele sind Ende 40 und Anfang 50 und haben Familien, die sie nur ungern entwurzeln. Boeing lehnte es ab, zu sagen, wie viele Beschäftigte noch in der Fabrik arbeiten, aber ein Sprecher der Gewerkschaft sagte, dass heute nur noch 575 Gewerkschaftsmitglieder übrig sein würden. Die Boeing-Mitarbeiterin Tennie Moore gehört zu denjenigen, die sich zur Ruhe setzen wollen. Moore sagte, dass eine Dame ihr Alter nicht verrät, aber dass sie 47 Jahre Erfahrung im Werk hat und an der DC-8 gearbeitet hat, dem ersten Passagierflugzeug der Douglas Aircraft Co. Für Moore ist das Ende der C-17-Produktion eine Chance, zur Schule zu gehen und Gebärdensprache zu lernen. Ihre Tochter, Keshawn Moore, 34, kann weder sprechen noch hören, und Moore sagte, dass ihr geplantes Studium »mir sehr am Herzen liegt«. Die C-17 Globemaster kann fast 165.000 Pfund an Passagieren und Ausrüstung befördern und ist zu einem wichtigen Bestandteil der Fähigkeit des Militärs geworden, Personal und Versorgungsgüter in Kriegsgebiete und Katastrophengebiete zu bringen, wo humanitäre Hilfe benötigt wird. Die C-17 flog ihren ersten Kampfeinsatz am 26. März 2003, als Fallschirmjäger der Army und der Air Force auf dem Flugplatz Bashur im Nordirak landeten. Auch während der Kriege im Irak und in Afghanistan spielte die C-17 eine wichtige Rolle, indem sie Verwundete aus den Kampfgebieten wegflog. C-17-Pilot Oberstleutnant Tim Harris sagte in einem Telefoninterview, dass es eine Zeit gab, in der C-17-Maschinen der March Air Reserve Base in Riverside täglich in den Irak und nach Afghanistan flogen. Harris fliegt die C-17 seit 1996 und sagte, das 277.000 Pfund schwere Flugzeug fliege, als wüsste es nicht, dass es so groß ist. Die vier Triebwerke der C-17 stoßen ihre Abgase vor den Tragflächen aus, was laut Harris dazu führt, dass der Schub der Triebwerke auch einen Auftrieb erzeugt, der es der Maschine ermöglicht, von einer kleinen Startbahn abzuheben. Außerhalb von Kampfeinsätzen hat die March Air Reserve Base C-17-Jets zu Hilfseinsätzen geschickt, z. B. nach einem schweren Erdbeben 2010 in Haiti und 2005 in New Orleans nach dem Hurrikan Katrina. Der erste C-17-Jet, der zur March Air Reserve Base geschickt wurde, war die »Spirit of California«, die Harris und Generalmajor Robert E. Duignan 2005 von Long Beach nach Riverside flogen. Harris sagte, er sei am Mittwochabend mit eben dieser Maschine geflogen, die zu diesem Zeitpunkt bereits rund 9.000 Flugstunden absolviert hatte. Harris sagte voraus, dass C-17-Flugzeuge noch lange im Einsatz sein werden. »Der letzte Pilot dieses Jets wird wahrscheinlich erst in 30 Jahren geboren werden», sagte er. Im September 2013 gab Boeing bekannt, dass die Produktion der C-17 eingestellt wird. Im Oktober 2014 wurde der Haupttragflächenholm der 279. und letzten Maschine fertiggestellt; diese C-17 wurde 2015 ausgeliefert, woraufhin Boeing das Werk in Long Beach schloss. Die Produktion von Ersatzkomponenten sollte bis mindestens 2017 fortgesetzt werden. Die C-17 wird voraussichtlich mehrere Jahrzehnte lang im Einsatz sein. Im Februar 2014 führte Boeing Verkaufsgespräche mit »fünf oder sechs« Ländern für die verbleibenden 15 C-17; daher beschloss Boeing, in Erwartung künftiger Käufe zehn Flugzeuge ohne bestätigte Käufer zu bauen. Im Mai 2015 berichtete das Wall Street Journal, dass Boeing mit einer Belastung von weniger als 100 Millionen US-Dollar und dem Abbau von 3.000 Stellen im Zusammenhang mit dem C-17-Programm rechnete. Der amerikanische Hersteller behauptete außerdem, dass der kostengünstigere Airbus A400M Atlas der Boeing C-17 internationale Verkäufe wegnehme.

Herausragende technologische Details der C-17 sind ihr superkritischer, äußerst effizienter Flügel mit einer Pfeilung von 25 Grad. Winglets an den Tragflächenspitzen reduzieren zudem den Luftwiderstand und somit den Treibstoffverbrauch. Angetrieben wird der Jet von vier Pratt & Whitney 2037 Turbofans mit einer Leistung von je 37.000 lb. Wie bereits die Douglas DC-8, so kann auch die C-17 die Schubumkehr im Flug ausfahren um die Sinkrate zu erhöhen. Die Douglas-Ingenieure konnten bei vielen Konstruktionsdetails auf die YC-15-Konzeptflugzeuge zurückgreifen

Der Prototyp der C-17 Globemaster III T-1 startet am 15. September 1991 von Long Beach, Kalifornien zu seinem Erstflug. (Boeing)

die dort bereits bis zur Serienreife entwickelt wurden. Dazu zählt beispielsweise ein so genanntes »Blown Flap System«, bei dem die Landeklappen von den Triebwerken angeblasen werden, um den Auftrieb zusätzlich zu erhöhen. Dies gestattet einen langsamen, steilen Endanflug und niedrige Landegeschwindigkeiten für routinemäßige Kurzbahnlandungen. Während weniger als 1.000 Start- und Landebahnen rund um den Globus eine C-141 Starlifter oder C-5 Galaxy aufnehmen können, sind dies rund 20.000 bei der Globemaster III. Sie ist wie die YC-15 ein Schulterdecker mit Heckladerampe, und kann somit großformatige Kampfausrüstung und Truppen oder humanitäre Hilfsgüter über weite Entfernungen direkt zu kleinen, provisorischen Flugplätzen in aller Welt befördern. Mit einer Nutzlast von 74.797 Kilogramm kann die C-17 von einer 2.134 Meter langen Startbahn abheben, 4.445 Kilometer (2.400 Seemeilen) weit fliegen und auf einem kleinen Flugplatz mit einer Größe von 914 Metern oder sogar weniger landen. Die Boeing C-17 Globemaster III ist dafür ausgelegt, bis weit ins 21. Jahrhundert hinein militärische und humanitäre Lufttransportaufgaben zu erfüllen. Sie ist von Anfang an mit einem modernen Glascockpit ausgestattet, und musste nicht wie andere Militärtransporter erst dafür umgerüstet werden. Sie wird standardmässig von zwei Piloten geflogen und erfordert nur einen Lademeister für die Be- und Entladung der Fracht an Bord. Boeing hat mit Stand Juli 2012 insgesamt 245 C-17 Transportflugzeuge ausgeliefert. Davon 217 an die U.S. Air Force, weitere 28 C-17 Transportflugzeuge sind bei internationalen Kunden im Einsatz.

Dies schrieb Boeing in Pressemitteilungen anlässlich der Auftragsvergabe im Jahr 1985 – und des Programmendes in 2015 anlässlich der Auslieferung der letzten Maschine.

Der Anfang

Am 22. Februar 1985 verkündete McDonnell Douglas in einer Pressemitteilung:

»LONG BEACH, Kalifornien – Der neue McDonnell-Douglas-Transporter C-17 hat mit der formellen Genehmigung des Verteidigungsministeriums für die vollständige Entwicklung des neuen Lufttransporters der US Air Force einen wichtigen Meilenstein erreicht.

Die C-17, an deren Entwicklung seit 1982 gearbeitet wird, wird in der Lage sein, die große Kampfausrüstung der Armee über interkontinentale Entfernungen zu transportieren und auf kleinen, abgelegenen Landebahnen in der Nähe möglicher Krisenherde zu landen.

Die C-17 ist ein viermotoriger Großraumtransporter mit hohen Flügeln, der mit einer zweiköpfigen Cockpitbesatzung und einem Lademeister betrieben werden kann. Sie soll das Defizit der Luftwaffe bei Langstreckenflugzeugen ausgleichen (airlift) und gleichzeitig die Lufttransportkapazitäten innerhalb eines Einsatzgebiets erheblich erweitern.

Die Entwicklung in vollem Umfang wird durch die abschließende Konstruktions- und Testphase des Programms fortgesetzt, die 1992 enden soll. Das Entwicklungsprogramm umfasst den Bau von drei Testflugzeugen, eines für Flugtests und zwei für strukturelle Tests in Bodenlabors.

Die Gesamtkosten des Entwicklungsprogramms werden auf etwa 4 Milliarden Dollar geschätzt. Der Kongreß hat für das Geschäftsjahr 1985 123 Millionen Dollar für die C-17-Arbeiten bewilligt.

Die C-17 wird von den technologischen Fortschritten profitieren, die sich in den letzten 20 Jahren bei Verkehrs- und Militärflugzeugen bewährt haben. Sie wird in der Lage sein, routinemäßig unbefestigte Landebahnen mit einer Länge von 3.000 Fuß anzufliegen und dabei einen steilen Anflugwinkel und eine relativ niedrige Anfluggeschwindigkeit zu nutzen.

Diese niedrige Anfluggeschwindigkeit wird durch den Einsatz von extern angeblasenen Klappen möglich, bei denen die Triebwerksabgase auf und durch die großen Klappen auf der Rückseite des Flügels blasen. Dadurch wird ein zusätzlicher Auftrieb erzeugt, der das Flugzeug bei niedrigen Geschwindigkeiten in der Luft hält. Dieses Konzept wurde in den späten 1970er-Jahren im McDonnell Douglas YC-15 Prototyp-Transportprogramm erprobt.

Ein weiteres Konzept, das bei der YC-15 demonstriert wurde, waren Schubumkehrvorrichtungen mit gerichteter Strömung, die die Abgasluft nur aus der oberen Hälfte des Triebwerks nach oben und nach vorne ableiten. Dies ermöglicht kürzere Landungen, da es möglich ist, die Triebwerke bei allen Geschwindigkeiten auf unbefestigten Start- und Landebahnen umzukehren, ohne dass die Gefahr besteht, dass Trümmerteile vom Boden von den Triebwerken aufgenommen werden.

Bei den Triebwerken der C-17 handelt es sich um Pratt & Whitney PW2037-Turbofans, die für den Betrieb in kommerziellen Transportflugzeugen zugelassen sind. Jedes Triebwerk entwickelt eine Schubkraft von 37.000 Pfund.

Die C-17 ist 175,2 Fuß lang, hat eine Flügelspannweite von 165 Fuß und eine

Die C-17 hat eine Flügelspannweite von 165 Fuß und eine Höhe am Heck von 55,1 Fuß - etwa die gleiche Größe wie die DC-10 oder der C-141 Militärtransporter - und ist in der Lage, am Boden auf schmalen Start- und Landebahnen und auf kleinen Rampenflächen zu operieren.

Der Frachtraum hat eine Bodenbreite von 18 Fuß, eine Höhe von 12,3 Fuß unter der Tragfläche, 13,5 Fuß hinter der Tragfläche und eine ladbare Länge von 88 Fuß. Dadurch kann die C-17 doppelte Reihen von Lastwagen, die größte Ausrüstung des Heeres, wie z. B. einen M-1 Abrams-Panzer und andere Fahrzeuge, sowie Hubschrauber transportieren.

Die maximale Nutzlast der C-17 beträgt 172.200 Pfund. Mit dieser Ladung kann die C-17 2.400 Seemeilen fliegen, auf einem unbefestigten Flugplatz in 3.000 Fuß Höhe landen, entladen und zu einem 500 Meilen entfernten Ziel fliegen. Die PW2037-Triebwerke von Pratt & Whitney sind die treibstoffeffizientesten, die jemals für große Transportflugzeuge zugelassen wurden, und sie sind durch ähnliche Garantien abgedeckt wie die, die kommerziellen Fluggesellschaften angeboten werden.

Darüber hinaus garantiert McDonnell Douglas, dass die C-17 die Standards für Struktur, Leistung, Zuverlässigkeit und Wartungsfreundlichkeit erfüllt.

Das C-17-Programm begann 1980 mit einer Ausschreibung der Luftwaffe für das damals noch C-X genannte Flugzeug. Die Luftwaffe wählte 1981 das Angebot von McDonnell Douglas aus. Der erste Vertrag, der ein mäßig schnelles Entwicklungsprogramm vorsah, wurde 1982 vergeben. Im Rahmen des Forschungs- und Entwicklungsvertrags hatte McDonnell Douglas bis zum Geschäftsjahr 1984 rund 112 Millionen Dollar für Vorentwürfe, Windkanaltests, den Bau von Attrappen in Originalgröße, eine Belastungsbewertung und andere Aktivitäten ausgegeben oder zugesagt.«

Und das Ende

Long Beach, Kalifornien, 29. November 2015 - Der letzte C-17 Globemaster III Militärtransporter von Boeing [NYSE: BA] im Werk des Unternehmens in Long Beach, Kalifornien, ist am Sonntag, 29. November, abgeflogen und markiert das offizielle Ende der Flugzeugproduktion in Long Beach.

Das Flugzeug überflog eine Menschenmenge und die Anlage, bevor es zum Standort des Unternehmens in San Antonio flog, wo es bis zur Auslieferung an die Qatar Emiri Air Force Anfang 2016 bleiben wird.

Mit dem Abschluss der C-17-Produktion wird Boeing das Erbe der Globemaster III fortsetzen und die weltweite C-17-Flotte im Rahmen des C-17 Globemaster III Integrated

Die C-17 Globemaster III T-1 am 15. September 2011, dem 20. Jahrestag ihres Erstflugs. Diese C-17 Globemaster III (S/N 87-0025) wurde im Wesentlichen nur für Entwicklungstests und -bewertungen von Hand gebaut, mit einer geschätzten Lebensdauer von etwa fünf Jahren. Das Flugzeug wurde im Laufe der Jahre regelmäßig umgebaut und überholt, und seine Lebensdauer wuchs von fünf auf 21 Jahre. (Boeing)

Sustainment Program (GISP) Performance-Based Logistics-Vertrags unterstützen, warten und aufrüsten.

»Dies ist wirklich das Ende einer Ära. Es ist ein trauriger Tag, aber einer, auf den alle Boeing-Mitarbeiter und -Zulieferer, die über Jahre hinweg an der Entwicklung dieses großartigen Flugzeugs gearbeitet haben, stolz sein können«, sagte Nan Bouchard, Vice President und C-17-Programmmanagerin.

»Die Arbeit, das Engagement und die Professionalität unseres Teams haben einen der weltweit führenden Lufttransporter hervorgebracht, ein Flugzeug, das bei der Bereitstellung humanitärer Hilfe an vorderster Front steht und die Art und Weise verändert hat, wie die US-Luftwaffe und unsere internationalen Partner sich für Operationen und aeromedizinische Unterstützung mobilisieren», sagte Bouchard.

Die Entscheidung, die Produktion des C-17-Produktionsprogramms einzustellen, wurde 2013 bekannt gegeben. Seit dem Start der ersten C-17 am 15. September 1991 haben die C-17-Flotten der US-Luftwaffe und ihrer internationalen Partner mehr als drei Millionen Flugstunden absolviert, um Truppen und große Fracht zu transportieren, humanitäre Hilfsgüter abzusetzen und lebensrettende medizinische Einsätze durchzuführen.

Boeing ist seit mehr als 90 Jahren ein Teil Kaliforniens und seines reichen Erbes in der Luft- und Raumfahrt. Mehr als 15.000 Flugzeuge - militärische und zivile - wurden in Boeing-Werken hergestellt, darunter auch in den Fertigungsstätten der Boeing-Vorgängerunternehmen McDonnell Aircraft Company, Douglas Aircraft Company und North American Aviation. Heute befindet sich in Südkalifornien ein breit gefächertes Spektrum von Boeing-Betrieben, darunter die kommerzielle Luftfahrt, die Satellitenherstellung und neue Märkte wie die Cybersicherheit. Boeing beschäftigt in Kalifornien mehr als 16.000 Mitarbeiter und bleibt dem Verteidigungs- und Handelsgeschäft in diesem Bundesstaat verpflichtet.

Defense, Space & Security, ein Geschäftsbereich von The Boeing Company, ist eines der weltweit größten Verteidigungs-, Raumfahrt- und Sicherheitsunternehmen, das sich auf innovative und fähigkeitsorientierte Kundenlösungen spezialisiert hat, und der weltweit größte und vielseitigste Hersteller von Militärflugzeugen. Der Hauptsitz befindet sich in St. Louis. Defense, Space & Security ist ein Unternehmen mit einem Umsatz von 31 Milliarden Dollar und rund 50.000 Mitarbeitern weltweit.

Afghanistan-Evakuierte steigen am 21. August 2021 in eine C-17 der 816th Expeditionary Airlift Squadron ein. (U.S. Air Force/Senior Airman Taylor Crul)

Die Nutzer und ihre Einsatzgeschichte

USA, Großbritannien, Australien, Kanada, NATO-Strategic Airlift Capacity, Indien, Katar, Vereinigte Arabische Emirate, Kuwait

United States Air Force

Die erste serienmäßige C-17 wurde am 14. Juli 1993 an die Charleston Air Force Base in South Carolina ausgeliefert. Die erste C-17-Einheit, die 17th Airlift Squadron, wurde am 17. Januar 1995 einsatzbereit. Sie hat 22 Rekorde für übergroße Nutzlasten gebrochen. Die C-17 wurde 1994 mit der renommiertesten Auszeichnung der US-Luftfahrt, der Collier Trophy, geehrt. Ein Kongressbericht über die Operationen im Kosovo und die Operation Allied Force stellte fest: »Eine der großen Erfolgsgeschichten ... war die Leistung der C-17A der Air Force.« Sie flog die Hälfte der strategischen Lufttransportmissionen in der Operation, der Typ konnte kleine Flugplätze nutzen, was die Operationen erleichterte; schnelle Abfertigungszeiten führten ebenfalls zu einer effizienten Nutzung.

Im Jahr 2006 wurden acht C-17 an die March Joint Air Reserve Base in Kalifornien ausgeliefert, die dem Air Force Reserve Command (AFRC) untersteht, dem 452d Air Mobility Wing zugewiesen wurde und anschließend dem 436th Airlift Wing des AMC und dessen AFRC-»assoziierter» Einheit, dem 512th Airlift Wing, auf der Dover Air Force Base in Delaware zugewiesen wurde, um die Lockheed C-5 Galaxy zu ergänzen. Die 172 Airlift Group der Mississippi Air National Guard erhielt 2006 ihre erste von acht C-17. Im Jahr 2011 wechselte das 105th Airlift Wing der New York Air National Guard auf der Stewart Air National Guard Base von der C-5 zur C-17.

Der 172d Airlift Wing wurde am 3. August 2014 von dieser C-17 Globemaster während des jährlichen AirVenture der Experimental Aircraft Association in Oshkosh, Wisconsin, vertreten. Der Wing ist eine Einheit der Mississippi Air National Guard, stationiert auf dem Allen C Thompson ANGB-Feld in Jackson. AirVenture 2014 ist eine jährliche Flugzeugmesse zur Feier von selbstgebauten Flugzeugen. (U.S. Air Force/ Tech. Sgt. Chris Hibben)

Die C-17 lieferte während der Operation Enduring Freedom in Afghanistan und der Operation Iraqi Freedom im Irak militärische Hilfsgüter sowie humanitäre Hilfe nach dem Erdbeben in Haiti 2010 und den Überschwemmungen in Sindh 2011 und lieferte Tausende von Lebensmittelrationen, tonnenweise medizinische und andere Hilfsgüter. Am 26. März 2003 nahmen 15 C-17 der USAF an der größten Kampfabwurfaktion seit der Invasion der Vereinigten Staaten in Panama im Dezember 1989 teil: Der nächtliche Abwurf von 1.000 Fallschirmjägern der 173rd Airborne Brigade erfolgte über Bashur, Irak. Diesen Abwürfen folgten C-17-Maschinen, die M1 Abrams, M2 Bradleys, M113 und Artillerie transportierten. Die C-17-Maschinen der USAF haben auch Verbündete bei der Beförderung von Luftfahrzeugen unterstützt, z. B. kanadische Fahrzeuge nach Afghanistan im Jahr 2003 und australische Streitkräfte für den von Australien geführten Militäreinsatz in Osttimor im Jahr 2006. Im Jahr 2006 flogen C-17 der USAF 15 kanadische Leopard C2-Panzer von Kirgisistan nach Kandahar, um die Afghanistan-Mission der NATO zu unterstützen. Im Jahr 2013 unterstützten fünf C-17 der USAF die französischen Operationen in Mali, wobei sie gemeinsam mit C-17 anderer Nationen operierten (RAF, NATO und RCAF setzten jeweils eine C-17 ein).

Seit 1999 fliegen C-17-Maschinen jährlich im Rahmen der Operation Deep Freeze zur Unterstützung des US-Antarktis-Forschungsprogramms in die Antarktis und ersetzen damit die in den Vorjahren eingesetzten C-141-Maschinen. Der erste Flug wurde vom 62. Lufttransportgeschwader der USAF geflogen. Die C-17-Maschinen fliegen jedes Jahr um den Oktober herum zwischen dem Flughafen Christchurch und der McMurdo-Station hin und her und benötigen für den Hin- und Rückflug 5 Stunden. Im Jahr 2006 flog die C-17 ihre erste Antarktis-Luftlandemission und lieferte 70 000 Pfund Versorgungsgüter ab. Weitere Luftlandungen erfolgten in den folgenden Jahren.

Eine C-17 begleitet den Präsidenten der Vereinigten Staaten bei seinen Besuchen zu in- und ausländischen Veranstaltungen, Konsultationen und Treffen. Sie wird für den Transport der Präsidentenlimousine, der Marine One und von Sicherheitskräften eingesetzt. Bei mehreren Gelegenheiten wurde eine C-17 für den Transport des Präsidenten selbst eingesetzt, wobei er vorübergehend das Rufzeichen Air Force One annahm.

Die USAF beantragte die Einstellung der Produktion, während der Kongress die Fortsetzung der Produktion forderte. Im GJ 2007 beantragte die USAF 1,6 Mrd. USD als Reaktion auf den »übermäßigen Kampfeinsatz« der C-17-Flotte. 2008 wies USAF-General Arthur Lichte, Befehlshaber des Air Mobility Command, vor einem Unterausschuss des Repräsentantenhauses für Luft- und Landstreitkräfte auf die Notwendigkeit hin, die Produktion um weitere 15 Flugzeuge zu erweitern, um die Gesamtzahl auf 205 zu erhöhen, und dass die C-17-Produktion weiterhin den Lufttransportbedarf decken könne. Die USAF beschloss schließlich, ihre C-17-Flotte auf 223 Flugzeuge zu begrenzen; die letzte Lieferung erfolgte am 12. September 2013.

Im Jahr 2015 wurden im Rahmen eines Raketenabwehrtests auf Wake Island simulierte ballistische Mittelstreckenraketen von C-17-Flugzeugen gegen THAAD-Raketenabwehrsysteme und die USS John Paul Jones (DDG-53) abgefeuert. Anfang 2020 wurde palettierte Munition - Combat Expendable Platforms« - von C-17- und C-130J-Flugzeugen aus getestet, mit Ergebnissen, die von der USAF als positiv bewertet wurden. Im Jahr 2021 entwickelte das Air Force Research Laboratory das Konzept zum Rapid Dragon-System weiter, das die C-17 in ein tödliches Marschflugkörper-Arsenalschiff verwandelt, das 45 JASSM-ER mit 500 kg schweren Sprengköpfen aus einer Entfernung von 925 km abschießen kann. Zukünftige Verbesserungen umfassen die Unterstützung von JDAM-ER, das Verlegen von Minen, das Verteilen von Drohnen sowie eine verbesserte Abstandsreichweite, wenn die volle Produktion der JASSM-XR mit einer Reichweite von 1.900 km (1.200 mi) im Jahr 2024 große Bestände liefert.

Am 15. August 2021 startete die USAF C-17 02-1109 des 62nd Airlift Wing und des 446th Airlift Wing auf der Joint Base Lewis-McChord vom Hamid Karzai International Airport in Kabul, Afghanistan, während Menschenmassen, die der Taliban-Offensive von 2021 entkommen wollten, neben dem Flugzeug herliefen. Die C-17 hob ab, während sich die Menschen an der Außenseite festhielten, und mindestens zwei starben, nachdem sie aus dem Flugzeug gefallen waren. Eine unbekannte Zahl von Menschen wurde möglicherweise durch das Einfahren des Fahrwerks zerquetscht und getötet, wobei menschliche Überreste im Stauraum des Fahrwerks gefunden wurden. Ebenfalls an diesem Tag transportierte die C-17 01-0186 der 816th Expeditionary Airlift Squadron auf dem Luftwaffenstützpunkt Al Udeid mit einem einzigen Flug 823 afghanische Bürger vom Hamid Karzai International Airport und stellte damit einen neuen Rekord für diesen Typ auf, der zuvor bei der Evakuierung von 670 Menschen während eines Taifuns im Jahr 2013 aus Tacloban auf den Philippinen aufgestellt wurde.

Das sagt die U.S Air Force über ihre Globemaster III im Einsatz

Die C-17 Globemaster III ist das flexibelste Frachtflugzeug der Lufttransportstreitkräfte. Die C-17 ist in der Lage, Truppen und alle Arten von Fracht schnell und strategisch zu Hauptoperationsbasen oder direkt zu vorgeschobenen Basen im Einsatzgebiet zu transportieren. Das Flugzeug kann taktische Lufttransport- und Luftabsetzmissionen durchführen und bei aeromedizinischen Evakuierungen Bahren und ambulante Patienten transportieren. Die inhärente Flexibilität und Leistungsfähigkeit der C-17-Truppe verbessert die Fähigkeit des gesamten Lufttransportsystems, die weltweiten Anforderungen der Vereinigten Staaten an die Luftmobilität zu erfüllen.

Der ultimative Maßstab für die Effektivität des Lufttransports ist die Fähigkeit, schnell eine effektive Kampftruppe in die Nähe eines potenziellen Kampfgebietes zu verlegen und dort zu halten. Die Bedrohungen für die Interessen der USA haben sich in den letzten Jahren verändert, und die Größe und das Gewicht der mechanisierten Feuerkraft und Ausrüstung der USA haben als Reaktion auf die verbesserten Fähigkeiten der potenziellen Gegner zugenommen. Dieser Trend hat die Anforderungen an die Luftmobilität deutlich erhöht, insbesondere im Bereich der großen oder schweren übergroßen Fracht. Infolgedessen werden neuere und flexiblere Lufttransportflugzeuge benötigt, um potenzielle bewaffnete Eventualitäten, friedenser haltende oder humanitäre Missionen weltweit zu erfüllen. Die C-17 ist in der Lage, die anspruchsvollen Lufttransportaufgaben von heute zu erfüllen.

Merkmale

Zuverlässigkeit und Wartungsfreundlichkeit sind zwei herausragende Vorteile des C-17-Systems. Die aktuellen Einsatzanforderungen stellen hohe Anforderungen an Zuverlässigkeit und Wartungsfreundlichkeit. Zu diesen Anforderungen gehören eine Erfolgswahrscheinlichkeit von 92 Prozent, nur 20 Mannstunden pro Flugstunde für die Wartung des Flugzeugs und eine Verfügbarkeit von 74,7 bzw. 82,5 Prozent bei Voll- und Teileinsätzen. Die Boeing-Garantie gewährleistet, dass diese Werte eingehalten werden.

Die C-17 ist 53 Meter lang (174 Fuß) und hat eine Flügelspannweite von 51,75 Metern (169 Fuß und 10 Zoll). Das Flugzeug wird von vier Pratt & Whitney F117-PW-100-Turbotriebwerken angetrieben, die auf dem kommerziellen Pratt & Whitney PW2040 basieren, das in der Boeing 757 eingesetzt wird. Jedes Triebwerk hat eine Schubkraft von 40.440 Pfund und ist mit Schubumkehrern ausgestattet, die den Luftstrom nach oben und vorne leiten, um das Ansaugen von Staub und Trümmern zu vermeiden. Darüber hinaus sorgen die Schubumkehrer für genügend Schub, um das Flugzeug während des Rückwärtsrollens umzukehren und während des Fluges einen Luftwiderstand für Sinkflüge mit maximaler Geschwindigkeit zu erzeugen. Die Konstruktionsmerkmale ermöglichen den An- und Abflug von kurzen Start- und Landebahnen sowie von unzugänglichen Flugplätzen mit großer Nutzlast. Es wurde ein Höchstmaß an kommerzieller Standardausrüstung verwendet, einschließlich der von der Luftwaffe standardisierten Avionik.

Das Flugzeug wird von einer dreiköpfigen Besatzung (Pilot, Kopilot und Lademeister) betrieben, was den Personalbedarf, das Risiko und die langfristigen Betriebskosten reduziert. Die Beladung der C-17 erfolgt über eine große Heckrampe und ein Türsystem, das praktisch die gesamte luftverladbare Ausrüstung des Heeres aufnimmt, z. B. einen 69 Tonnen schweren M1 Abrams-Kampfpanzer, gepanzerte Fahrzeuge, Lastwagen und Anhänger. Darüber hinaus verfügt der Frachtboden über Rollen, die von einem flachen Boden zur Aufnahme von Rad- oder Kettenfahrzeugen auf Rollenbahnen zur Aufnahme von palettierter Fracht umgestellt werden können. Die C-17 ist für den Abwurf von 102 Fallschirmjägern und ihrer Ausrüstung ausgelegt.

Die maximale Nutzlastkapazität der C-17 beträgt 170.900 Pfund (77.519 Kilogramm), das maximale Brutto-Startgewicht 585.000 Pfund (265.352 Kilogramm). Mit einer Nutzlast von 164.900 Pfund (74.797 Kilogramm) und einer anfänglichen Reiseflughöhe von 8.534 Metern (28.000 Fuß) hat die C-17 eine Reichweite von etwa 2.400 Seemeilen ohne Treibstoff. Ihre Reisegeschwindigkeit beträgt etwa 450 Knoten (0,74 Mach).

Die Konstruktion des Flugzeugs (Hochauftriebsflügel, Vorflügel und von außen angeblasene Klappen) ermöglicht den Einsatz auf kleinen, unzugänglichen Flugplätzen. Die C-17 kann auf Start- und Landebahnen starten und landen, die nur 1.064 Meter (3.500 Fuß) lang und 27,4 Meter (90 Fuß) breit sind. Selbst auf solch schmalen Start- und Landebahnen kann die C-17 mit Hilfe einer Dreipunkt-Sternwende und ihrer Rückwärtsflugfähigkeit wenden.

Hintergrund

Die C-17 absolvierte ihren Jungfernflug am 15. September 1991, und das erste Serienmodell wurde am 14. Juni 1993 an die Charleston Air Force Base, die heutige Joint Base Charleston, South Carolina, ausgeliefert. Die erste Staffel der C-17, die 17th Airlift Squadron, wurde am 17. Januar 1995 für einsatzbereit erklärt. Ursprünglich hatte die Luftwaffe den Kauf von 120 C-17 geplant. Aufgrund des unübertroffenen Erfolgs der C-17 bei der Erfüllung verschiedener Mobilitätsaufgaben wurden weitere Flugzeuge angeschafft, so dass die Flotte schließlich 223 Flugzeuge umfasste.

- Die C-17 wird vom Air Mobility Command von der Travis AFB, Kalifornien, der Dover AFB, Delaware, betrieben. Joint Base Lewis-McChord, Washington; Joint Base Charleston, und Joint Base McGuire-Dix-Lakehurst, New Jersey.
- Die Pazifischen Luftstreitkräfte betreiben C-17-Maschinen von der Joint Base Elmendorf-Richardson, Alaska, und der Joint Base Pearl Harbor-Hickam, Hawaii.
- Die Air National Guard betreibt C-17 von Jackson, Mississippi, Stewart ANG Base, New York, Memphis, Tennessee, Martinsburg, West Virginia, Charlotte, North Carolina.
- Das Air Force Reserve Command betreibt C-17 auf der March Air Reserve Base, Kalifornien, und der Wright Patterson AFB, Ohio.
- Das Air Force Materiel Command hat eine C-17 von JB Charleston, S.C., ausgeliehen, um Tests auf der Edwards AFB, Kalifornien, durchzuführen.
- Das Air Education and Training Command führt die Ausbildung der C-17-Besatzung auf der Altus AFB, Oklahoma, durch.

Technische Spezifikation	
Primäre Funktion:	Fracht- und Truppentransport
Hauptauftragnehmer:	Boeing Gesellschaft
Triebwerk:	Vier Pratt & Whitney F117-PW-100-Turbotriebwerke
Schubkraft:	40.440 Pfund, jedes Triebwerk
Spannweite:	169 Fuß 10 Zoll (bis Winglet-Spitzen) (51,75 Meter)
Länge:	174 Fuß (53 Meter)
Höhe:	55 Fuß 1 Zoll (16,79 Meter)
Frachtraum:	Länge: 88 Fuß (26,82 Meter); Breite: 18 Fuß (5,48 Meter); Höhe: 12 Fuß 4 Zoll (3,76 Meter)
Geschwindigkeit:	450 Knoten bei 28.000 Fuß (8.534 Meter) (Mach .74)
Dienstgipfelhöhe:	45.000 Fuß bei Reisegeschwindigkeit (13.716 Meter)
Reichweite:	Global mit Betankung während des Fluges
Besatzung:	Drei (zwei Piloten und ein Lademeister)
Besatzung für aeromedizinische Evakuierung:	Eine Grundbesatzung von fünf Personen (zwei Flugkrankenschwestern und drei medizinische Fachkräfte) wird für aeromedizinische Evakuierungsmissionen eingesetzt. Die medizinische Besatzung kann je nach den Bedürfnissen der Patienten geändert werden.
Maximales Abfluggewicht:	585.000 Pfund (265.352 Kilogramm)
Zuladung:	102 Soldaten/Paratrouillen; 36 Sänften und 54 ambulante Patienten und Betreuer; 170.900 Pfund (77.519 Kilogramm) Fracht (18 Palettenpositionen)
Kosten pro Einheit:	202,3 Millionen Dollar (in konstanten Dollars des Jahres 1998)
Datum des Einsatzes:	Juni 1993
Bestand:	Aktiver Dienst, 157; Air National Guard, 47; Air Force Reserve, 18

Royal Air Force

Boeing vermarktete die C-17 an viele europäische Länder, darunter Belgien, Deutschland, Frankreich, Italien, Spanien und das Vereinigte Königreich. Die Royal Air Force (RAF) hat sich zum Ziel gesetzt, mit der USAF interoperabel zu sein und einige Waffen und Fähigkeiten gemeinsam zu nutzen. Bei der Überprüfung der Verteidigungsstrategie 1998 wurde der Bedarf an einem strategischen Lufttransporter festgestellt. Der Wettbewerb für den kurzfristigen strategischen Lufttransport begann im September desselben Jahres, aber die Ausschreibung wurde im August 1999 abgebrochen, da einige Angebote von den Ministern als zu teuer eingestuft wurden, darunter das Angebot der Boeing/BAe C-17, und andere als ungeeignet. Das Projekt wurde fortgesetzt, wobei die C-17 als Favorit galt. Angesichts der Verzögerungen beim Airbus A400M kündigte der britische Verteidigungsminister Geoff Hoon im Mai 2000 an, dass die RAF vier C-17 zu jährlichen Kosten von 100 Millionen Pfund von Boeing für zunächst sieben Jahre mit einer optionalen zweijährigen Verlängerung leasen würde. Die RAF hatte die Option, die Flugzeuge zu kaufen oder an Boeing zurückzugeben. Das Vereinigte Königreich verpflichtete sich, seine C-17 im Einklang mit der USAF aufzurüsten, so dass die USAF sie im Falle einer Rückgabe übernehmen könnte. Der Leasingvertrag schränkte die Einsatzmöglichkeiten der C-17 ein, d. h. die RAF konnte sie nicht für Paradeabwürfe, Luftabwürfe, Geländeeinsätze, Tiefflugeinsätze und Luftbetankung verwenden.

Die erste C-17 wurde am 17. Mai 2001 im Boeing-Werk in Long Beach an die RAF ausgeliefert und von einer Besatzung der Staffel 99 zur RAF Brize Norton geflogen. Die vierte C-17 für die RAF wurde am 24. August 2001 ausgeliefert. Die RAF-Flugzeuge gehörten zu den ersten, die den neuen Mittelflügeltank der Block 13-Flugzeuge nutzten. Im Dienst der RAF hat die C-17 keinen offiziellen Namen und keine offizielle Bezeichnung erhalten (z. B. wird die C-130J als Hercules C4 oder C5 bezeichnet), sondern wird einfach als C-17 oder »C-17A Globemaster« bezeichnet. Obwohl die C-17 als Ersatz für die A400M vorgesehen war, gab das Verteidigungsministerium am 21. Juli 2004 bekannt, dass es sich nach Ablauf des Leasingvertrags für den Kauf seiner vier C-17 entschieden hat, obwohl die A400M offenbar näher an der Produktion war. Die C-17 bietet der RAF stra-

Die britische Royal Air Force ist eine der größten Kundinnen der C-17 außerhalb der USA. (Boeing)

tegische Fähigkeiten, auf die sie nicht verzichten möchte, z. B. eine maximale Nutzlast von 76.900 kg (169.500 Pfund) im Vergleich zu den 37.000 kg (82.000 Pfund) des A400M. Die Fähigkeiten der C-17 ermöglichen es der RAF, sie als fliegendes Krankenhaus für medizinische Evakuierungseinsätze zu nutzen.

Eine weitere C-17 wurde im August 2006 bestellt und am 22. Februar 2008 ausgeliefert. Die vier geleasten C-17 sollten später im Jahr 2008 gekauft werden. Aufgrund von Befürchtungen, dass die A400M weitere Verzögerungen erleiden könnte, gab das britische Verteidigungsministerium 2006 bekannt, dass es drei weitere C-17 kaufen wolle, insgesamt acht Stück, die 2009-2010 geliefert werden sollten. Am 3. Dezember 2007 kündigte das Verteidigungsministerium einen Vertrag für eine sechste C-17 an, die am 11. Juni 2008 geliefert wurde. Am 18. Dezember 2009 bestätigte Boeing, dass die Royal Air Force eine siebte C-17 bestellt hatte, die am 16. November 2010 ausgeliefert wurde. Im Februar 2012 kündigte das Vereinigte Königreich den Kauf der achten C-17 an. Im November 2013 bekundete die RAF Interesse am Kauf einer neunten C-17.

Am 13. Januar 2013 entsandte die RAF zwei C-17 von RAF Brize Norton zum französischen Luftwaffenstützpunkt Évreux, um während der französischen Intervention in Mali französische gepanzerte Fahrzeuge in die malische Hauptstadt Bamako zu transportieren. Im Juni 2015 wurde eine C-17 der RAF eingesetzt, um vier Opfer der Anschläge von Sousse 2015 aus Tunesien medizinisch zu evakuieren. Am 13. September 2022 transportierte die C-17 ZZ177 den Leichnam von Königin Elizabeth II. vom Flughafen Edinburgh zur RAF Northolt in London. Sie war in der St. Giles' Cathedral in Edinburgh, Schottland, aufgebahrt worden.

Die britische Royal Air Force schreibt über ihre C-17 Globemaster:

Aufgabe

Die C-17 Globemaster III (Globemaster C-17) ist ein strategisches Schwerlasttransportflugzeug mit großer Reichweite, das in der Nähe eines potenziellen Einsatzgebietes für Kampfeinsätze, friedenserhaltende oder humanitäre Missionen weltweit operieren kann.

Fähigkeit

Die C-17 ist in der Lage, Truppen und alle Arten von Fracht schnell und strategisch zu den wichtigsten Operationsbasen überall auf der Welt zu transportieren. Die tragende Heckrampe und die digital gesteuerten Ladesysteme des Globemaster in Verbindung mit den Fähigkeiten der Besatzungen und der Bodenabfertiger ermöglichen die Verladung großer, komplexer Ausrüstungsgegenstände, einschließlich Chinook-Hubschraubern, Militärfahrzeugen und anderen schweren Spezialausrüstungen.

Das Flugzeug kann 45.360 kg (100.000 lb) Fracht über mehr als 8.334 km (4.500 nm) transportieren und dabei in Höhen über 35.000 ft fliegen. Die Konstruktion des Flugzeugs ermöglicht steile Landeanflüge mit hohem Winkel und relativ langsamen Geschwindigkeiten, so dass es auf kleinen, abgelegenen Flugplätzen und auf Start- und Landebahnen mit einer Länge von nur 3.500 Fuß und einer Breite von nur 90 Fuß eingesetzt werden kann.

Geschichte

Seit der Ausmusterung der Short Belfast im Jahr 1976 verfügte die Royal Air Force über keine organischen, übergroßen strategischen Transportkapazitäten. Ironischerweise verließ man sich während des Falklandkriegs 1982 auf zivil betriebene Belfasts, um solche Lasten zu transportieren, und griff auf gecharterte Frachtflugzeuge zurück.

Ende der 1990er-Jahre wurde deutlich, dass diese Fähigkeitslücke geschlossen werden sollte, und im Jahr 2000 schloss das Verteidigungsministerium einen Siebenjahresvertrag mit Boeing und der US Air Force (USAF) über vier strategische Transportflugzeuge des Typs C-17A Globemaster III (Globemaster C-17) ab.

Am 28. August 1981 hatte die USAF die McDonnell Douglas C-17 als Gewinner ihres C-X-Wettbewerbs für ein neues militärisches Transportflugzeug ausgewählt, das in erster Linie die Lockheed C-141 StarLifter ersetzen sollte. Der Entwicklungsprozess der C-17 verlief jedoch alles andere als geradlinig, da ein komplexer und sich ändernder Beschaffungsplan den Erstflug bis zum 15. September 1991 verzögerte. Interne Manöver bei McDonnell Douglas machten das Programm noch komplizierter, da die Verantwortung für die C-17 zwischen den Abteilungen wechselte. Obwohl die erste Lieferung an eine einsatzbereite USAF-Einheit 1993 vom ursprünglichen Hersteller stammte, wurde die C-17 1997 durch die Übernahme des Konkurrenten durch Boeing zu einem eigenen Produkt.

Eine Boeing C-17A Globemaster III der Royal Airforve startet in Mildenhall, Suffolk, 16. März 2017. (Tim Felce)

Eine Boeing C-17A Globemaster III der Royal Airforve startet in Mildenhall, Suffolk, 14. März 2017. (Tim Felce)

Am 9. März 2022 rollte diese C-17A der USAF auf der Ramstein Air Base zum Start. (Dalibor Ankovic DA Photography)

Anflug der C-17 ZZ172 des 99 Squadron der britischen Royal Air Force auf Landebahn 26 der Ramstein Air Base. (Dalibor Ankovic DA Photography)

C-17 ZZ173 der RAF im Jahr 2019 während des Rollens zur Ramp 5 der USAF Ramstein Air Base. (Dalibor Ankovic DA Photography)

Am 23. November 2018 startete die Royal Air Force C-17 ZZ177 von Runway 26 der Ramstein Air Base zu einer neuen Mission. (Dalibor Ankovic DA Photography)

Die auf der vorherigen Seite abgebildete RAF C-17 ZZ177 im Anflug auf Runway 26 der USAF Ramstein Air Base. (Dalibor Ankovic DA Photography)

Die erste C-17 wurde am 17. Mai 2001 im Boeing-Werk, ehemals McDonnell Douglas, im kalifornischen Long Beach an die britische Royal Air Force übergeben. (Dalibor Ankovic DA Photography)

Die C-17A wurde am 5. Februar 1993 zur Globemaster III, dem Nachfolger der kolbengetriebenen Nachkriegstransporter Douglas C-74 Globemaster und C-124 Globemaster II der USAF. Als das Vereinigte Königreich seinen ersten C-17-Bedarf definierte, war der Typ bereits fest im Einsatz, und die RAF profitierte vom Zugang zum weltweiten C-17-Unterstützungsnetz und zur Lieferkette. Im britischen Dienst wird der Typ in der Regel als C-17 oder Globemaster bezeichnet, wobei keine formale RAF-Rollen-/Nummernbezeichnung (Globemaster C.Mk 1 wäre dem üblichen Muster von Flugzeugbezeichnungen gefolgt) verwendet wurde, da das Flugzeug zunächst geleast wurde.

Die 99 Squadron wurde in RAF Brize Norton neu formiert, um das Flugzeug zu betreiben, das sich schnell zu einer wichtigen Stütze der Luftbrückenoperationen entwickelte, die die britischen Operationen in Afghanistan unterstützten. Selbst auf dem Höhepunkt der Operation Herrick erfüllte die C-17 jedoch humanitäre und operative Aufgaben in anderen Ländern, und anstatt die Option auf eine Verlängerung des C-17-Leasingvertrags um zwei Jahre wahrzunehmen, kaufte das Verteidigungsministerium die ersten vier Flugzeuge und bestellte 2006 ein fünftes.

Aufgrund der anhaltenden Nachfrage wurde 2007 eine sechste, 2009 eine siebte und 2012 die achte und bislang letzte Maschine bestellt. Letzteres wurde laut einer Presseerklärung des Verteidigungsministeriums innerhalb weniger Wochen zu Kosten von 200 Millionen Pfund ausgeliefert.

Nach dem Ende von Herrick fliegt die 99 Squadron weiterhin viele der Einsatzarten, bei denen sich die C-17 während des Einsatzes ausgezeichnet hat, wie z. B. den Transport von Personal und Ausrüstung und die Durchführung von medizinischen Evakuierungseinsätzen mit einer Reihe von chirurgischen Einrichtungen und Personal an Bord. Die Unterstützung von Einsätzen ist so wichtig wie eh und je, und die C-17 der RAF besucht regelmäßig Stützpunkte der Alliierten, insbesondere im Zusammenhang mit der französischen Anti-Terror-Arbeit in Afrika.

Humanitäre Flüge, die in der Regel sehr kurzfristig geplant und geflogen werden, wo immer sie benötigt werden, sind bei der 99 Squadron gang und gäbe. Wenn eine C-17 irgendwo auf der Welt auf ein Rollfeld rollt und der Union Jack groß auf die Seite gemalt ist, gibt es keinen Zweifel daran, dass britische Interessen im Spiel sind.

Im Mai 2021 ist es zwei Jahrzehnte her, dass die erste Globemaster (C-17A) auf der RAF Brize Norton eintraf.

Im Jahr 2022 transportierte eine Globemaster den Leichnam Ihrer Majestät Königin Elisabeth II. von Edinburgh zur RAF Northolt, bevor die Königin in London beigesetzt wurde.

Technische Spezifikation	
Triebwerk:	Triebwerk: vier Pratt & Whitney F117-PW-100 Turbofans mit 40.400 lb st (179,90 kN)
Länge über alles:	174 ft (53,04 m)
Flügelspannweite:	1169 ft 9 in (51,74 m)
Höhe über alles:	55 ft 1 in (16,79 m)
Flügelfläche:	353,03 m² (3.800 sqft)
Maximale Startmasse:	585.000 lb (265.350kg)
Reisegeschwindigkeit:	1 Mach 0,74 (829 km/h)
Reisegeschwindigkeit:	450 kt (833 km/h) in 28.000 ft
Reichweite:	mehr als 4.500 nm (8.334 km) mit 100.000 lb (45.360 kg)
Dienstgipfelhöhe:	45.000 ft
Maximale Nutzlast:	169,000 lb (76,655 kg) (2,5 g Lastfaktor)
Kapazität:	134 Passagiere, 102 Fallschirmjäger, sechs hochgradig hilfsbedürftige medizinische Patienten oder Patienten auf der Trage, ein CH-47F Chinook-Hubschrauber, 18 Militärpaletten 463L, mehr als 70 Tonnen Fracht.

Royal Australian Air Force

Die Royal Australian Air Force (RAAF) begann im Jahre 2005 mit der Prüfung der Anschaffung strategischer Transportflugzeuge. Ende dieses Jahres erklärte der damalige Verteidigungsminister Robert Hill, dass solche Flugzeuge aufgrund der begrenzten Verfügbarkeit strategischer Lufttransportflugzeuge von Partnernationen und Luftfrachtunternehmen in Betracht gezogen würden. Die Boeing C-17 Globemaster III wurde gegenüber der A400M bevorzugt, da es sich um ein »bewährtes Flugzeug« handelte, das sich bereits in Produktion befand. Eine wichtige Anforderung der RAAF gegenüber dem Flugzeug war die Fähigkeit, die M1-Abrams-Panzer der Armee zu transportieren; eine weitere Anforderung war die Möglichkeit der sofortigen Lieferung. Obwohl nicht explizit erwähnt, wurde die bestehdenen Gemeinsamkeiten zwischen der USAF und der RAF ebenfalls als vorteilhaft angesehen. Die RAAF-Flugzeuge wurden direkt aus der USAF-Produktion bestellt und waren sogar mit den amerikanischen C-17-Flugzeugen in ihrer Farbgebung identisch; der einzige Unterschied bestand in den nationalen Kennzeichnungen, so dass die Auslieferung innerhalb von neun Monaten nach der Zusage für das Programm beginnen konnte.

Die amerikanische Ramstein Air Base ist eine Drehscheibe, nicht nur für die Maschinen der US Air Force, sondern auch für jene der mit den USA befreundeten Nationen. So diese C-17A der Royal Australian Air Force (RAAF), die hier nach ihrem Start am 6. März 2022 zu sehen ist. (Dalibor Ankovic DA Photography)

Die von der RAAF eingesetzten C-17A werden vom 36. Squadron betrieben. (Dalibor Ankovic DA Photography)

Am 2. März 2006 gab die australische Regierung den Kauf von drei Flugzeugen und einer Option bekannt, die 2006 in Dienst gestellt werden sollen. Im Juli 2006 erhielt Boeing einen Festpreisvertrag über die Lieferung von vier C-17 für 780 Mio. US$ (1 Mrd. AUD). Australien unterzeichnete außerdem einen Vertrag über 80,7 Mio. US$, um dem weltweiten C-17-Erhaltungsprogramm für die »virtuelle Flotte» beizutreten; die C-17 der RAAF erhalten die gleichen Upgrades wie die Flotte der USAF.

Die Royal Australian Air Force nahm ihre erste C-17 am 28. November 2006 in einer Zeremonie im Boeing-Werk in Long Beach, Kalifornien, in Empfang, einige Tage später flog die Maschine vom Luftwaffenstützpunkt Hickam auf Hawaii zum Defence Establishment Fairbairn in Canberra, wo sie am 4. Dezember 2006 eintraf. Das Flugzeug wurde kurz nach seiner Ankunft in einer Zeremonie in Fairbairn offiziell in Empfang genommen. Die zweite Maschine wurde am 11. Mai 2007 an die RAAF ausgeliefert, die dritte am 18. Dezember 2007. Die vierte australische C-17 wurde am 19. Januar 2008 ausgeliefert. Alle australischen C-17 werden von der No. 36 Squadron betrieben und sind auf der RAAF Base Amberley in Queensland stationiert.

Am 18. April 2011 gab Boeing bekannt, dass Australien mit der US-Regierung ein Abkommen über die Anschaffung einer fünften C-17 unterzeichnet hat, um der steigenden Nachfrage nach humanitären Einsätzen und Katastrophenhilfe gerecht zu werden. Das Flugzeug wurde am 14. September 2011 an die RAAF ausgeliefert. Am 23. September 2011 kündigte der australische Minister für Verteidigungsmaterial, Jason Clare, an, dass die Regierung von den USA Informationen über den Preis und den Zeitplan für die Auslieferung eines sechsten Globemaster einholen wolle. Im November 2011 beantragte Australien eine sechste C-17 im Rahmen des US Foreign Military Sales-Programms; Sie wurde im Juni 2012 bestellt und am 1. November 2012 ausgeliefert.

Im August 2014 kündigte Verteidigungsminister David Johnston die Absicht an, eine oder zwei weitere C-17 zu kaufen. Am 3. Oktober 2014 gab Johnston die Zustimmung der Regierung zum Kauf von zwei C-17 zu Gesamtkosten von 770 Mio. US-Dollar (1 Mrd. AUD) bekannt. Der Kongress der Vereinigten Staaten genehmigte den Verkauf im Rahmen des Foreign Military Sales-Programms. Premierminister Tony Abbott bestätigte im April 2015 die Bestellung von zwei weiteren Flugzeugen, die beide bis zum 4. November 2015 ausgeliefert werden sollten; diese kamen zu den sechs C-17 hinzu, über die die Regierung 2015 verfügte.

Die Royal Australian Air Force schreibt über ihre C-17 Globemaster:

Die C-17A Globemaster III bildet das logistische Rückgrat der australischen Verteidigungskräfte. Sie ermöglicht Australien die schnelle Verlegung von Truppen, Nachschub, Kampffahrzeugen, schwerem Gerät und Hubschraubern in alle Welt.

Australien führte zwischen 2006 und 2008 eine erste Flotte von vier C-17A ein. Weitere Flugzeuge wurden 2011, 2012 und 2015 beschafft.

Alle acht C-17A sind auf dem RAAF-Stützpunkt Amberley stationiert und werden von der No. 36 Squadron betrieben. Die C-17As haben das Personal bei Einsätzen unterstützt und waren integraler Bestandteil von Katastrophenhilfe und humanitären Missionen.

Die C-17A Globemaster ist ein hochfliegendes, viermotoriges schweres Transportflugzeug. Sie ist mit einer Laderampe ausgestattet, die das Absetzen von Fracht während des Fluges ermöglicht, und kann auf unbefestigten Landebahnen bis zu einer Höhe von 3500 Fuß operieren. Es kann auch für aeromedizinische Evakuierungseinsätze verwendet werden.

Der Frachtraum der C-17A kann bis zu 77 Tonnen Fracht befördern und bietet Platz für:

- einen Abrams-Panzer
- vier Bushmaster-Fahrzeuge
- drei Black Hawk-Hubschrauber
- Besatzung: Pilot, Kopilot, Lademeister

Technische Spezifikation	
Länge:	53 m
Höhe:	16,8 m
Spannweite:	51,75 m
Gewicht leer:	128 Tonnen
Max. Abfluggewicht:	265 Tonnen
Triebwerke:	Vier Pratt & Whitney F-117-PW-100-Turbofans
Schubkraft:	40.440 lb pro Triebwerk
Reichweite:	10.390 km mit Fallschirmspringern
Flughöhe:	45.000 ft

Die Royal Australian Air Force hat ihre acht C-17A auf dem Luftwaffenstützpunkt Amberley stationiert. (Dalibor Ankovic DA Photography)

Frau Suzanne Edgecombe (links), AusAID-Verbindungsoffizierin der australischen Streitkräfte, und Flugleutnant Trent Davidson, Pilot der Staffel Nr. 36, sehen zu, wie einige der 14 Paletten mit AusAID-Hilfsgütern an Bord der RAAF C-17 Globemaster für den Versand in die von Überschwemmungen betroffenen Gebiete innerhalb Pakistans verladen werden. Die AusAID-Hilfe umfasste Zelte, Planen, Wasserreinigungsgeräte, Generatoren, Geburtssets und Wasserbehälter um mehr als 10.000 Familien zu helfen. (Australian Civil-Military Centre)

Royal Canadian Air Force

Die kanadischen Streitkräfte hatten seit langem einen Bedarf an strategischem Lufttransport für militärische und humanitäre Einsätze in der ganzen Welt. Ähnlich wie die deutsche Luftwaffe hatte sie Antonows und Iljuschins geleast, um viele Anforderungen zu erfüllen, darunter die Entsendung des Disaster Assistance Response Teams in das von der Tsunami-Katastrophe stark betroffene Sri Lanka im Jahr 2005; für den Einsatz der kanadischen Armee in Haiti im Jahr 2003 hatten sich die kanadischen Streitkräfte ausschließlich auf geleaste An-124 Ruslan verlassen. Eine Kombination aus geleasten Ruslans, Iljuschins und C-17 der USAF wurde auch für den Transport von schwerem Gerät nach Afghanistan eingesetzt. Im Jahr 2002 begann das Canadian Forces Future Strategic Airlifter Project mit der Untersuchung von Alternativen, einschließlich langfristiger Leasingvereinbarungen.

Am 5. Juli 2006 gab die kanadische Regierung eine Absichtserklärung ab, mit Boeing über die Beschaffung von vier Lufttransportern für das Canadian Forces Air Command (ab August 2011 Royal Canadian Air Force) zu verhandeln. Am 1. Februar 2007 erteilte Kanada den Auftrag für vier C-17-Maschinen, deren Auslieferung im August 2007 beginnen sollte. Wie Australien erhielt auch Kanada Flugzeugzellen, die ursprünglich für die USAF vorgesehen waren, um die Auslieferung zu beschleunigen. Die offizielle kanadische Bezeichnung lautet CC-177 Globemaster III.

Am 23. Juli 2007 absolvierte die erste kanadische Boeing C-17 ihren Erstflug. Sie wurde am 8. August an Kanada übergeben und nahm am 11. August an der Abbotsford International Airshow teil, bevor sie am 12. August auf ihrer neuen Heimatbasis 8 Wing, CFB Trenton, Ontario, eintraf. Ihr erster Einsatz war die Bereitstellung von Katastrophenhilfe für Jamaika nach dem Hurrikan Dean im selben Monat. Das letzte der ursprünglich vier Flugzeuge wurde im April 2008 ausgeliefert. Am 19. Dezember 2014 wurde berichtet, dass Kanada beabsichtigt, eine weitere C-17 zu kaufen.[133] Am 30. März 2015 traf Kanadas fünfte C-17 auf der CFB Trenton ein. Die Flugzeuge sind der 429 Transportstaffel auf der CFB Trenton zugeordnet.

Am 14. April 2010 landete zum ersten Mal eine kanadische C-17 auf CFS Alert, dem nördlichsten Flughafen der Welt. Kanadische Globemaster wurden zur Unterstützung zahlreicher Missionen weltweit eingesetzt, darunter die Operation Hestia nach dem Erdbeben in Haiti, Lufttransporte im Rahmen der Operation Mobile und die Unterstützung der kanadischen Mission in Afghanistan. Nach dem Taifun Haiyan auf den Philippinen im Jahr 2013 bildeten kanadische C-17-Maschinen eine Luftbrücke zwischen den beiden Ländern, setzten Kanadas DART ein und lieferten humanitäre Hilfsgüter und Ausrüstung. Im Jahr 2014 unterstützten sie die Operation Reassurance und die Operation Impact.

Strategisches Lufttransportfähigkeitsprogramm der NATO

Auf der Farnborough Airshow 2006 unterzeichneten mehrere NATO-Mitgliedsstaaten eine Absichtserklärung zum gemeinsamen Kauf und Betrieb mehrerer C-17 im Rahmen des Strategic Airlift Capability (SAC)-Programms.

Zu den SAC-Mitgliedern gehören Bulgarien, Estland, Ungarn, Litauen, die Niederlande, Norwegen, Polen, Rumänien, Slowenien, die USA sowie seit 2010 die beiden Partnership for Peace-Länder Finnland und Schweden. Zwei C-17 wurden gekauft, eine dritte wurde von den USA beigesteuert. Am 14. Juli 2009 lieferte Boeing die erste C-17 im Rahmen des SAC-Programms aus. Die zweite und dritte C-17 wurden im September und Oktober 2009 ausgeliefert.

Die Boeing C-17 Globemaster III des SAC sind auf dem Luftwaffenstützpunkt Pápa, Ungarn, stationiert. Das schwere Lufttransportgeschwader wird von Ungarn beherbergt, das als Flaggenstaat fungiert. Die Flugzeuge sind ähnlich bemannt wie die E-3 AWACS-Flugzeuge der NATO. Die C-17-Flugbesatzung ist multinational, aber jede Mission wird auf der Grundlage der jährlichen Vereinbarung über die Aufteilung der Flugstunden des SAC einem einzelnen Mitgliedsland zugewiesen. Das NATO Airlift Management Programme Office (NAMPO) ist für die Verwaltung und Unterstützung des schweren Lufttransportgeschwaders zuständig. NAMPO ist Teil der NATO Support Agency (NSPA). Im September 2014 erklärte Boeing, dass die drei C-17, die die SAC-Missionen unterstützen, in den letzten fünf Jahren eine Bereitschaftsrate von fast 94 Prozent erreicht und über 1.000 Missionen unterstützt haben.

CC-177 Globemaster auf dem Flughafen der RAF in Fairford, 2018. (Tim Felce)

Die CC-177 Globemaster III werden vom 429. Squadron der Royal Canadian Air Force eingesetzt. Diese Nachtaufnahme entstand am 21. März 2020 auf Ramp 5 der USAF Basis Ramstein. (Dalibor Ankovic DA Photography)

Indische Luftwaffe

Am Juni 2009 wählte die indische Luftwaffe (IAF) die C-17 für ihren Bedarf an sehr schweren Transportflugzeugen aus, um mehrere Typen von Transportflugzeugen zu ersetzen. Im Januar 2010 beantragte Indien 10 C-17 im Rahmen des US Foreign Military Sales Programms, der Verkauf wurde im Juni 2010 vom Kongress genehmigt. Am 23. Juni 2010 führte die IAF eine erfolgreiche Testlandung einer USAF C-17 auf dem Flughafen Gaggal in Indien durch, um die C-17-Erprobung der IAF abzuschließen. Im Februar 2011 einigten sich die IAF und Boeing auf die Bestellung von 10 C-17 mit einer Option auf sechs weitere Flugzeuge; der Auftrag im Wert von 4,1 Mrd. USD wurde am 6. Juni 2011 vom indischen Kabinettsausschuss für Sicherheit genehmigt. Die Auslieferungen begannen im Juni 2013 und sollten bis 2014 andauern. Im Jahr 2012 schloss die IAF Berichten zufolge Pläne zum Kauf von sechs weiteren C-17 im Rahmen ihres Fünfjahresplans für 2017-2022 ab.

Die C-17 der indischen Luftwaffe (IAF) bietet strategischen Lufttransport, die Möglichkeit, Spezialkräfte einzusetzen und in unterschiedlichem Gelände zu operieren – von Luftstützpunkten im Himalaya in Nordindien in 4.000 m Höhe bis zu Stützpunkten im Indischen Ozean in Südindien. Die C-17 sind auf dem Luftwaffenstützpunkt Hindon stationiert und werden von der No. 81 Squadron IAF Skylords betrieben. Die erste C-17 wurde im Januar 2013 zu Test- und Trainingszwecken ausgeliefert; sie wurde am 11. Juni 2013 offiziell abgenommen. Die zweite C-17 wurde am 23. Juli 2013 ausgeliefert und sofort in Dienst gestellt. IAF-Luftwaffenstabschef Norman AK Browne bezeichnete sie bei der Übergabe des Flugzeugs im Boeing-Werk in Long Beach als »eine wichtige Komponente im Modernisierungsprogramm der IAF«. Am 2. September 2013 wurde die Skylords-Staffel mit drei C-17 offiziell in den Dienst der IAF gestellt.

Die Skylords fliegen regelmäßig Einsätze innerhalb Indiens, zum Beispiel zu Höhenstützpunkten in Leh und Thoise. Am 1. Juli 2013 setzte die IAF die C-17 erstmals ein, um die Ausrüstung eines Infanteriebataillons nach Port Blair auf den Andamanen zu transportieren. Zu den bisherigen Auslandseinsätzen gehörten Tadschikistan im August 2013 und Ruanda zur Unterstützung der indischen Friedenstruppen. Eine C-17 wurde für den Transport von Hilfsgütern während des Zyklons Phailin eingesetzt. Das sechste Flugzeug wurde im Juli 2014 in Empfang genommen. Im Juni 2017 genehmigte das US-Außenministerium den potenziellen Verkauf einer C-17 an Indien im Rahmen eines vorgeschlagenen US Foreign Military Sale im Wert von 366 Millionen US-Dollar. Dieses Flugzeug, die letzte produzierte C-17, erhöhte die Flotte der IAF auf 11 C-17. Im März 2018 wurde ein Auftrag zur Fertigstellung bis zum 22. August 2019 erteilt.

Das schreibt die Indian Air Force (IAF) über einen C-17-Einsatz mit Japan:

Zur Förderung der Zusammenarbeit im Bereich der Luftverteidigung wollen Indien und Japan vom 12. Januar 2023 bis zum 26. Januar 2023 auf dem japanischen Luftwaffenstützpunkt Hyakuri die gemeinsame Luftübung »Veer Guardian-2023« durchführen, an der die indische Luftwaffe und die japanischen Luftverteidigungskräfte (JASDF) teilnehmen werden. Das indische Kontingent, das an der Luftübung teilnimmt, umfasst vier Su-30 MKI, zwei C-17 und eine IL-78, während die JASDF mit vier F-2 und vier F-15 Flugzeugen teilnehmen wird.

Während des zweiten 2+2-Treffens der Außen- und Verteidigungsminister am 08. September 2022 in Tokio, Japan, vereinbarten Indien und Japan, die bilaterale Verteidigungszusammenarbeit zu intensivieren und mehr Militärübungen abzuhalten, einschließlich der ersten gemeinsamen Kampfjetübungen, die die wachsende Sicherheitskooperation zwischen beiden Seiten widerspiegeln. Diese Übung ist somit ein weiterer Schritt zur Vertiefung der strategischen Beziehungen und der engeren Verteidigungszusammenarbeit zwischen den beiden Ländern.

Bei der Eröffnungsübung werden die beiden Luftstreitkräfte verschiedene Luftkampfübungen durchführen. Sie werden Luftkampfeinsätze in mehreren Bereichen in einem komplexen Umfeld durchführen und bewährte Praktiken austauschen. Experten beider Seiten werden auch Gespräche führen, um ihr Fachwissen über verschiedene operative Aspekte auszutauschen.

Die Übung »Veer Guardian« wird das seit langem bestehende Band der Freundschaft festigen und die Möglichkeiten der Zusammenarbeit zwischen den beiden Luftstreitkräften im Verteidigungsbereich verbessern.

Die Crew einer C-17A der indischen Luftwaffe während eines Übungseinsatzes in Japan. (Indian Air Force)

Boeing C-17A Globemaster III der Indian Air Force, 7. Dezember 2021. (Md Shaifuzzaman Ayon)

Katar – Qatar Emiri Air Force

Boeing lieferte Katars erste C-17 am 11. August 2009, die zweite am 10. September 2009, die dritte und die vierte C-17 in 2012. Im Juni 2013 berichtete die New York Times, dass Katar angeblich seine C-17 nutzte, um während des Bürgerkriegs Waffen aus Libyen über die Türkei an die syrische Opposition zu liefern. Am 15. Juni 2015 wurde auf der Paris Airshow bekannt gegeben, dass Katar zugestimmt hat, vier weitere C-17 von den fünf verbleibenden »White Tail«-C-17 zu bestellen, um die C-17-Flotte zu verdoppeln. Die C-17 trägt die zivilen Kennzeichnungen der staatlichen Qatar Airways, obwohl sie von der Qatar Emiri Air Force betrieben wird, da einige Flughäfen für Flugzeuge mit militärischen Kennzeichnungen gesperrt sind.

Vereinigte Arabische Emirate

Im Februar 2009 kaufte die Luftwaffe der Vereinigten Arabischen Emirate vier C-17. Im Januar 2010 wurde ein Vertrag über sechs C-17 unterzeichnet. Im Mai 2011 wurde die erste, im Juni 2012 die letzte C-17 übergeben.

Kuwait

Das Emirat Kuwait beantragte den Kauf einer C-17 im September 2010 und einer zweiten im April 2013 über das Foreign Military Sales (FMS) Programm der USA. Die erste wurde am 13. Februar 2014 ausgeliefert.

Neuseeland – beinahe ein C-17-Kunde

Im Jahr 2015 erwog der neuseeländische Verteidigungsminister Gerry Brownlee den Kauf von zwei C-17 für die Royal New Zealand Air Force für 600 Millionen US-Dollar als Option für den schweren Lufttransport. Seine Regierung entschied sich jedoch gegen den Kauf der Maschinen.

Die Kuwait Air Force KAF342 Boeing C-17A Globemaster III am Shahjalal International Airport, 18. November 2021. (Md Shaifuzzaman Ayon)

Die Kuwait Air Force KAF342 Boeing C-17A Globemaster III am Shahjalal International Airport, 9. Mai 2015. (Shadman Samee)

Die Kuwait Air Force KAF342 Boeing C-17A Globemaster III am Shahjalal International Airport, 25. Januar 2016. (Shadman Samee)

Unfälle und Vorfälle

Am 10. September 1998 brachte eine USAF C-17 (AF Serial No.96-0006) Keiko den Wal nach Vestmannaeyjar, Island, auf eine 1.200 m lange Landebahn und erlitt bei der Landung einen Fahrwerksausfall. Es gab keine Verletzten, aber das Fahrwerk wurde stark beschädigt. Nach einer provisorischen Reparatur flog die Maschine in eine nahe gelegene Stadt, wo sie weiter repariert wurde.

Am 10. Dezember 2003 wurde eine USAF C-17 (AF Serial No. 98-0057) nach dem Start in Bagdad, Irak, von einer Boden-Luft-Rakete getroffen. Ein Triebwerk fiel aus und das Flugzeug kehrte zur sicheren Landung zurück. Es wurde repariert und wieder in Dienst gestellt.

Am 6. August 2005 kam eine USAF C-17 (AF Serial No. 01-0196) bei einem Landeversuch auf dem Luftwaffenstützpunkt Bagram in Afghanistan von der Landebahn ab und zerstörte dabei die Nase und das Hauptfahrwerk. Nachdem sie innerhalb von zwei Monaten flugfähig gemacht worden war, flog ein Testpilot die Maschine zum Boeing-Werk in Long Beach, da die vorübergehenden Reparaturen zu Leistungseinschränkungen führten. Im Oktober 2006 wurde sie nach den Reparaturen wieder in Dienst gestellt.

C-17 auf der Landebahn des Luftwaffenstützpunkts Bagram, Afghanistan, am 30. Januar 2009 nach der Landung mit eingezogenem Fahrwerk.

Am 30. Januar 2009 landete eine C-17 der USAF (AF Serial No. 96-0002) - »Spirit of the Air Force«) mit eingezogenem Fahrwerk auf dem Luftwaffenstützpunkt Bagram, sie wurde von Bagram AB mit mehreren Zwischenstopps zu umfangreichen Reparaturen in das Boeing-Werk in Long Beach gebracht. Das USAF Aircraft Accident Investigation Board kam zu dem Schluss, dass die Ursache darin lag, dass die Besatzung es versäumt hatte, die Checkliste vor der Landung zu befolgen und das Fahrwerk auszufahren.

Am 28. Juli 2010 stürzte eine USAF C-17 (AF Serial No. 00-0173 - »Spirit of the Aleutians«) auf dem Luftwaffenstützpunkt Elmendorf in Alaska ab, während sie für die Arctic Thunder Air Show 2010 übte, wobei alle vier Personen an Bord ums Leben kamen. Sie stürzte in der Nähe einer Eisenbahnlinie ab, wodurch der Bahnbetrieb unterbrochen wurde. Eine militärische Untersuchung ergab, dass ein Pilotenfehler einen Strömungsabriss verursachte. Dies ist der bis Redaktionsschluß einzige tödliche Absturz einer C-17 und der einzige Vorfall mit Totalverlust.

Am 23. Januar 2012 landete eine C-17 der USAF (AF Serial No. 07-7189), die dem 437th Airlift Wing, Joint Base Charleston, South Carolina, zugeteilt war, auf der Landebahn 34R der Forward Operating Base Shank, Afghanistan. Die Besatzung erkannte nicht, dass der geplante Bremsweg die Länge der Landebahn überschritt und konnte daher nicht rechtzeitig stoppen. Das Flugzeug kam etwa 700 Fuß vor dem Ende der Landebahn auf einer Böschung zum Stehen und hatte erhebliche strukturelle Schäden, aber keine Verletzten. Nach neunmonatigen Reparaturen, um sie flugfähig zu machen, flog die C-17 nach Long Beach. Die Kosten für die Wiederinbetriebnahme betrugen 69,4 Millionen Dollar.

Crash-Recovery- und Notfallmanagement-Crews untersuchen am 31. Januar 2009 eine C-17 Globemaster III, die auf der Landebahn des Flugplatzes Bagram, Afghanistan, steht, nachdem sie am 30. Januar mit eingefahrenem Fahrwerk gelandet ist. Mehr als 120 Flieger, Zivilisten des Verteidigungsministeriums und Angestellte bewegten das beschädigte Flugzeug am 2. Februar erfolgreich von der Landebahn und stellten kurz darauf den vollen Flugplatzbetrieb wieder her. Die Bergung nach dem Motto »Bauch nach oben« und ohne Fahrwerk waren die ersten dieser Art in der 16-jährigen Geschichte des Flugzeugs in der Air Force. (U.S. Air Force/ Senior Airman Erik Cardenas)

Am 20. Juli 2012 landete eine USAF C-17 des 305th Air Mobility Wing auf dem Weg von der McGuire AFB, New Jersey, zur MacDill Air Force Base in Tampa, Florida, versehentlich auf dem nahe gelegenen Peter O. Knight Airport. Die Landung erfolgte im Anschluss an einen längeren Flug von Europa nach Südwestasien, um vor der Rückkehr in die USA Militärpassagiere an Bord zu nehmen. Kurze Zeit später hob die Maschine problemlos von der 3.580 Fuß langen Startbahn der Knight AFB in Richtung MacDill AFB ab. Die USAF führte die Fehllandung auf die Übermüdung des Piloten zurück; die beiden Flugplätze lagen nur wenige Meilen voneinander entfernt und hatten denselben magnetischen Kurs.

Am 9. April 2021 erlitt die USAF C-17 (AF Serial No. 10-0223) nach der Landung auf der Charleston AFB im Anschluss an einen Flug von der RAF Mildenhall (Vereinigtes Königreich) einen Brand in ihrem Fahrwerk. Das Feuer griff auf den Rumpf über, bevor es gelöscht werden konnte.

Das sagt Boeing über die C-17:

Immer verlässlich. Immer bereit.

Die C-17 ist ein viermotoriges militärisches Transportflugzeug mit T-Leitwerk, das große Ausrüstungen, Nachschub und Truppen direkt zu kleinen Flugplätzen in unwegsamem Gelände überall auf der Welt transportieren kann. Das massive, robuste Langstreckenflugzeug bewältigt Entfernungen, Ziele und schwere, übergroße Nutzlasten unter unvorhersehbaren Bedingungen. Seit den 1990er Jahren hat es bei jedem weltweiten Einsatz Fracht ausgeliefert.

Instandhaltung über den gesamten Lebenszyklus

Boeing arbeitet seit der Auslieferung des ersten Flugzeugs im Jahr 1993 mit der US-Luftwaffe bei der Instandhaltung der C-17 zusammen. Mit dem Schwerpunkt auf hoher Leistung zu erschwinglichen Kosten bietet Boeing Wartung und Instandhaltung für globale C-17-Kunden in acht verbündeten Ländern. Die C-17-Flotte ist in Bezug auf die Kosten pro Flugstunde und die Einsatzfähigkeit die beste ihrer Klasse und erreicht weltweit die höchste Bereitschaftsstufe.

Unterstützung

Im Rahmen des Globemaster III Sustainment Program-Vertrags ist Boeing voll verantwortlich und rechenschaftspflichtig für die Gesamtverfügbarkeit des Waffensystems, indem es das Programmmanagement, die Instandhaltungslogistik, das Material- und Ausrüstungsmanagement, die Instandhaltungstechnik und die Flugzeugwartung auf Depot-Ebene übernimmt. Die Vor-Ort-Unterstützung umfasst Personal für die Verwaltung und den Betrieb der Basis, Außendienst und technische Unterstützung sowie eine 24/7-Basisversorgung für Ersatzteile.

Ausbildung

Trainieren Sie so, wie Sie operieren

Boeing bietet umfassende C-17 Globemaster III-Trainingslösungen für Flugzeugbesatzungen und Lademeister mit fortschrittlichen Simulationen, Kursunterlagen und computergestütztem Training. Die Bediener der C-17 können das gesamte Aufgabenspektrum üben, das für taktische militärische Lufttransportoperationen und humanitäre Einsätze erforderlich ist, sowie weitere Szenarien wie Luftbetankung und Notfallprozeduren proben.

C-17-Schulungssystem

Kurzinformationen

- Der Weapons Systems Trainer und der Loadmaster Station Trainer können einzeln oder vernetzt eingesetzt werden
- Die Simulatoren unterstützen Nachtsichtbrillen für ein umfassendes Einsatztraining
- Hochauflösendes Bildmaterial mit 225 Grad aus jedem Fenster
- Anpassbare Datenbanken mit simulierten Flugplätzen, Gelände und Einsatzumgebungen

Erst der Größenvergleich mit den einsteigenden Soldaten verdeutlicht die imposanten Maße des Globemaster III-Militärtransporters. (U.S. Air Force/Staff Sgt. Jarad A. Denton)

Airman 1st Class Elizabeth Silvers, des 816. Expeditionary Airlift Squadron, war zum Zeitpunkt der Aufnahme Lademeisterin an Bord der C-17A Globemaster III der U.S. Air Force. Die Aufnahme entstand als Capt. Travis Delzer die Maschine für die Operation Inherent Resolve am 23. August 2017 auf der Al Udeid Air Base, Katar, vorbereitete. (U.S. Air Force/Staff Sgt. Michael Battles)

Einsatzberichte

Missionsgenerierung

Auf der Joint Base Charleston starten 24 C-17-Globemaster III während einer Übung

Veröffentlicht am 10. Januar 2023

Auf der Joint Base Charleston starteten am 5. Januar 24 C-17 Globemaster III zu einer Einsatzübung, bei der die Streitkräfte der Luftwaffe, des Heeres und der Marineinfanterie an fünf Einsatzorten zusammenarbeiteten.

Die Übung war der größte C-17-Start, der jemals von einem einzigen Stützpunkt aus durchgeführt wurde, und demonstrierte die Fähigkeit des Geschwaders, in kürzester Zeit überwältigende Luftstreitkräfte an der Seite gemeinsamer Partner zu entwickeln und einzusetzen.

»Das Lufttransportkommando ist das bedeutungsvolle Manöver für die gemeinsamen Streitkräfte, und unser asymmetrischer Vorteil sind unsere anpassungsfähigen, talentierten Flieger«, sagte Generalmajor Corey Martin, Kommandeur der 18. »Jeden Tag lernen wir neue Lektionen, die wir im Gefecht anwenden wollen, so dass diese Übung zur Missionsgenerierung eine Chance ist, unsere Fähigkeiten in einem Tempo und in einem Umfang zu testen, der einem Gefechtseinsatz nahe kommt.«

Nach einem Überflug teilten sich die 24 C-17 in vier kleinere Gruppen auf, die jeweils verschiedene Aspekte des flexiblen Kampfeinsatzes übten.

Die C-17 begannen die Übung mit einem Demonstrationsflug über die Ravenel Bridge im Hafen von Charleston und verteilten sich dann, um vier Kernfähigkeiten zu trainieren: Führung, Navigation, Tempo und Logistik unter Beschuss.

Mehr als 20 rote und blaue F-16 Fighting Falcons von der Shaw Air Force Base und der McEntire Air National Guard Base kämpften um die Luftüberlegenheit, während die gemeinsamen Streitkräfte schnelle Mobilität nutzten, um ein simuliertes Raketenabwehrsystem aufzubauen.

»Wir müssen kämpfen, um zum Kampf zu kommen«, sagte Oberst Robert Lankford, Kommandeur des 437th Airlift Wing. »Diese Übung testet unsere Fähigkeit, die Mission zu erfüllen, während wir geografisch verstreut sind und nur über begrenzte Kommunikationsmöglichkeiten verfügen.«

Um die Konzepte für einen flexiblen Kampfeinsatz besser zu definieren und zu erweitern, übten die Luftfahrzeugbesatzungen flexible Abschreckungs- und Reaktionsoptionen, wie die Fähigkeit, in einer kargen Umgebung eine Landung durchzuführen und den Auftrag an jedem Ort schnell zu erfüllen.

Spezialtaktiker des 24. Geschwaders für Spezialoperationen besteigen eine C-17 Globemaster III des 437. Lufttransportgeschwaders während einer Einsatzübung auf dem Pope Army Airfield, N.C., 5. Januar 2023. Die Einsatzübung bildet den Auftakt zu Mobility Guardian 23 und umfasste den Start von 24 C-17-Maschinen zu einem Formationsflug über dem Hafen von Charleston.

F-16 Fighting Falcons der 157th Fighter Squadron auf der McEntire Joint National Guard Base, S.C., fliegen im Rahmen einer Einsatzübung über die Arthur Ravenel Jr. Bridge in Charleston, S.C., 5. Januar 2023. Die Übung war der größte C-17-Start, der jemals von einem einzigen Stützpunkt aus stattfand, und demonstrierte die Fähigkeit des Geschwaders, gemeinsam mit Partnern schnell überwältigende Luftstreitkräfte zu entwickeln und einzusetzen.

Luftwaffenangehörige des Joint Communication Support Element, MacDill Air Force Base, Florida, stellen während einer Einsatzübung auf dem Pope Army Airfield, N.C., am 5. Januar 2023 eine sichere Kommunikation her. Luftwaffenangehörige der Joint Base Charleston arbeiteten mit einem JCSE zusammen, um ein taktisches Operationszentrum einzurichten, die Kommunikation zu sichern und die Kommandostrukturen zu dezentralisieren, um die Überlegenheit bei wichtigen Entscheidungen zu verbessern und Unterbrechungen zu verhindern.

»Bei dieser Übung geht es um Einsatzbereitschaft und Überlegenheit«, sagte Major Zachary Barry, C-17-Pilot und leitender Planer der Übung. »Wir wollten in einem Zeitraum von 48 Stunden so viele Flugzeuge wie möglich vom Deck holen, um den Bedrohungen zu zeigen, dass wir jederzeit und überall einsatzbereit sind.«

Die ersten C-17 Globemaster III landeten auf dem Pope Army Airfield in North Carolina, wo die Flugzeugbesatzungen zusammen mit einem gemeinsamen Kommunikationsunterstützungselement eine taktische Einsatzzentrale einrichteten. Das taktische Operationszentrum sorgte für eine sichere Kommunikation und dezentrale Kommandostrukturen, um die Überlegenheit bei wichtigen Entscheidungen zu verbessern und Störungen zu vermeiden.

Andere C-17-Maschinen, die ebenfalls auf der Pope AAF landeten, nahmen die Flieger für Spezialtaktiken auf, hoben ab und flogen zur nahe gelegenen Holland Drop Zone, wo die Flieger einen statischen Sprung durchführten. Am Boden angekommen, sicherten sie die unbefestigte Landebahn für Folgeeinsätze.

Auf der Marine Corps Air Station Cherry Point, N.C., landeten die C-17-Besatzungen, luden schnell die HIMARS-Raketenwerfer auf, flogen zur Pope AAF und führten dann eine schnelle HIMARS-Infiltration (HIRAIN) durch. Die C-17-Maschinen, die auf der Marine Corps Air Station Beaufort landeten, führten eine integrierte Kampfdrehung durch, um AH-64 Apache-Hubschrauber der US-Armee schnell aufzutanken.

Auf dem Hunter Army Airfield in Georgia konzentrierten sich die Besatzungen auf die Logistik unter Beschuss. Die Flugbesatzungen nutzten multifunktionale Konzepte, um Fracht zu manövrieren und übten dabei Fähigkeiten, die nicht zu ihren primären Aufgaben gehörten, um den Auftrag zu erfüllen.

»Was wir üben, sind flexible Abschreckungs- und Reaktionsmöglichkeiten», sagte Barry. »Wenn wir uns wirklich schnell bewegen können, wird es für den Gegner schwieriger, zu reagieren.

Nahezu 60 Flugzeuge, darunter eine E-3 Sentry und eine KC-135 Stratotanker, waren in der Luft, um ihre Fähigkeiten zu synchronisieren und so die Letalität zu maximieren. Die Flieger experimentierten auch mit Kommando- und Kontrollgeräten, die den Besatzungen wichtige Informationen lieferten, um ihr Bewusstsein für das Kampfgebiet in einer umkämpften Umgebung zu verbessern.

»Dies ist eine historische Übung für uns, denn wir müssen in der Lage sein, heute Nacht zu kämpfen«, sagte Barry. »Wir müssen bereit sein, dem Ruf zu folgen, egal was passiert.«

Die erste von 20 C-17 Globemaster III der Charleston Air Force Base, S.C., am 21. Dezember 2021 vor dem Start zur Trainigsmission über South Carolina. Sie umfasste Luftabwürfe über dem North Auxiliary Airfield in Orangeburg, S.C., Luftbetankung und taktisches Training auf niedriger Ebene. (U.S. Air Force/Staff Sgt. Marie Cassetty)

Ein Teil der 20 C-17 Globemaster III der 437. und 315. Airlift Wing der Charleston AFB beim Abwurf. Die Maschinen bildeten die größte Formation, die bisher von einer einzigen Basis aus gestartet war. Sie demonstrierten die strategische Luftabwurffähigkeit der Air Force. (US Air Force)

Eine C-17 Globemaster III hebt ab, während sich andere Flugzeuge auf den Start auf der Charleston Air Force Base, S.C., vorbereiten. Die Besatzungen bestanden aus aktiven Fliegern und Reservisten. Die Trainingsmission wurde in ihrer ganzen Komplexität simuliert. Sie umfasste Luftabwürfe über dem North Auxiliary Airfield in Orangeburg, SC, Luftbetankung und taktisches Training auf niedriger Ebene. (U.S. Air Force/Staff Sgt. April Quintanilla)

Meilenstein

15. Januar 2021

Die US-Luftwaffe und ihre Partner auf der ganzen Welt feierten am 15. Januar die viermillionste Flugstunde der C-17 Globemaster III. Der Meilenstein wurde auf der Joint Base Charleston (JBC) in South Carolina begangen, wo Boeing-Teams seit der Auslieferung der ersten C-17 im Jahr 1993 zur Unterstützung der Fliegerinnen und Flieger tätig sind.

Vier Millionen Flugstunden sind gleichbedeutend damit, dass ein einziges Flugzeug mehr als 456 Jahre in der Luft ist. Vertreter der Luftwaffe, lokale Würdenträger, gewählte Vertreter und Boeing-Führungskräfte nahmen an der Veranstaltung teil, bei der zwei C-17-Flugzeuge einen feierlichen Flug absolvierten und bei der Landung von zwei Feuerwehrautos geduscht wurden, um die vielen Errungenschaften zu feiern, die der Flug darstellt.

»Wir freuen uns sehr und fühlen uns geehrt, diesen historischen Meilenstein mit den Fliegern zu feiern, die dies alles möglich gemacht haben», sagte Oberst Jaron Roux, Kommandeur des 437th Airlift Wing. »Das Erreichen von 4 Millionen Flugstunden mit der C-17 ist ein Beweis für die Fähigkeiten unserer Flieger, die eine globale Reichweite bieten und unsere Kampffähigkeiten demonstrieren.«

Ted Colbert, President und Chief Executive Officer von Boeing Global Services, war zusammen mit Oberst Roux an Bord der Führungsmaschine.

»Ich bin zum ersten Mal mit der C-17 geflogen und es war die Erfahrung meines Lebens«, sagte Colbert. »Das Boeing-Team ist stolz darauf, die C-17 entwickelt und gebaut zu haben. Während ihrer gesamten Lebensdauer haben wir mit unseren Kunden zusammengearbeitet - sowohl vor Ort als auch virtuell - um ihre Einsatzbereitschaft für alle vier Millionen Flugstunden zu gewährleisten. Heute umfasst diese Arbeit Modernisierungen und Innovationen, die es unseren Kunden ermöglichen werden, ihre wichtigen Aufgaben auch in den kommenden Jahrzehnten zu erfüllen.«

Bei Naturkatastrophen, in Konflikt- und Friedenszeiten wird die C-17 eingesetzt, um lebenswichtige Hilfe zu leisten, wichtige Ausrüstung zu transportieren, Truppen zu verlegen, medizinische Einsätze durchzuführen und unsere nationalen und globalen Interessen zu verteidigen.

Die weltweite C-17-Flotte stand im Kampf gegen COVID-19 an vorderster Front. Die US-Luftwaffe und internationale Partner flogen Einsätze zur Rückführung von Bürgern, zur Lieferung von medizinischem Material und zum Transport von Patienten aus einigen der entlegensten Gebiete der Welt.

Die Außendienstmitarbeiter von Boeing waren an vorderster Front dabei, um den Erfolg der Missionen der Kunden durch Unterstützung bei der Wartung, Schulung und Modernisierung zu gewährleisten. Dazu gehörte auch eine zeitnahe Augmented-Reality-Schulung, um sicherzustellen, dass wichtige Arbeiten trotz Reisebeschränkungen durchgeführt werden können, sowie technische Unterstützung, um den sicheren Transport von infizierten Patienten zu ermöglichen.

Während des feierlichen Fluges betankte eine KC-46 Pegasus beide C-17-Maschinen und unterstrich damit die Bedeutung der Luftbetankung für die globale Reichweite der C-17 und die Fähigkeit der US-Luftwaffe, ihren Auftrag zu erfüllen. Tim Peters, Vizepräsident des Bereichs Commercial Derivative Aircraft bei Boeing Defense, Space and Security, flog in einer der C-17-Maschinen mit.

»Die KC-46 ist in der Lage, mehr als 100 Tonnen Treibstoff zu transportieren und diesen mit einer Geschwindigkeit von 1.200 Gallonen pro Minute umzuladen, wodurch die globale Reichweite jeder Plattform, die sie betankt, erweitert wird«, sagte Peters. »Während die Globemaster III weiterhin kritische Missionen auf der ganzen Welt durchführt, steht die Pegasus bereit, um sie zu unterstützen.«

Mit 275 Flugzeugen in der weltweiten C-17-Flotte bietet die Globemaster III den USA, dem Vereinigten Königreich, Kanada, Australien, Indien, Kuwait, Katar, den Vereinigten Arabischen Emiraten und der multinationalen Strategic Airlift Capability unübertroffene Lufttransportfähigkeiten. Die zunächst von McDonnell Douglas und dann von Boeing gebaute C-17 wurde 1995 in Dienst gestellt und bietet seither unübertroffene globale Lufttransportkapazitäten.

25.000 Flugstunden

16. November 2021

Die US-Luftwaffe feierte am 16. November die erste C-17 Globemaster III, die 25.000 Flugstunden erreicht hat, und beging diesen Meilenstein mit einem feierlichen Flug auf der Joint Base Charleston (JBC), wo Boeing 1993 die erste Globemaster III auslieferte.

»Die C-17 ist ein Arbeitspferd für die Luftwaffe und ein wichtiger Teil der Mission der Joint Base Charleston, seit sie vor 28 Jahren auf der Station angekommen ist», sagte Oberst Robert Lankford, Kommandeur des 437th Airlift Wing der US-Luftwaffe. »Das Flugzeug ist großartig, weil es sowohl strategisch als auch taktisch einsetzbar ist, und wir haben immer wieder gesehen, welche Vielzahl von Missionen es erfüllen kann.

Boeing hat jede C-17 gebaut und unterstützt die weltweite Flotte von 275 Flugzeugen, die in diesem Jahr mehr als 4 Millionen Flugstunden absolviert hat. Als globales Arbeitspferd für militärische Transport-, Absetz-, Sanitäts- und Katastrophenhilfseinsätze hat die C-17-Flotte diese Flugstundenzahl schneller erreicht als fast jede andere Flotte der Air Force. Mark Angelo, Vice President of C-17 Services bei Boeing, führt dies auf die klassenbesten Bereitschaftsraten der Plattform zurück.

Die weltweite C-17-Flotte wird durch einen leistungsbezogenen Logistikvertrag unterstützt, der Boeing Anreize bietet, einen hohen Leistungsstandard aufrechtzuerhalten. Jeder Betreiber trägt entsprechend seinem Anteil an der weltweiten Flotte bei und hat Zugang zu einem globalen Ersatzteillager. Dies ist ein einzigartiger Ansatz für eine militärische Plattform, ähnlich den Support-Modellen, die von kommerziellen Fluggesellschaften verwendet werden.

Die U.S. Air Force hat kürzlich die Partnerschaft mit einem gestaffelten Vertrag im Wert von bis zu 23,8 Mrd. USD einschließlich Optionen und Anreizen über einen Zeitraum von 10 Jahren erneuert, was einer der größten Dienstleistungsverträge in der Geschichte von Boeing ist. Das Programm ist derzeit bis September 2024 mit einer Phase I im Wert von 3,5 Mrd. USD finanziert.

Die C-17 sollte für eine Lebensdauer von 30.000 Flugstunden ausgelegt und anschließend für 42.750 Flugstunden zertifiziert werden. In Zusammenarbeit mit der US-Luftwaffe und acht globalen Partnern setzt Boeing Analysen und digitale Tools ein, um jedes Flugzeug bei kritischen Einsätzen sicher über die angestrebte Nutzungsdauer hinaus zu bringen.

Die Vereinigten Staaten, Australien, Kanada, Indien, Kuwait, Katar, die Vereinigten Arabischen Emirate, das Vereinigte Königreich und die 12 Nationen umfassende Strategic Airlift Capability betreiben alle die C-17 Globemaster III, die seit ihrer Indienststellung im Jahr 1995 bei allen weltweiten humanitären Hilfseinsätzen an vorderster Front steht.

»Ohne ein erstklassiges Instandhaltungsmodell kann man nicht so viele Flugstunden erreichen«, sagte Angelo. »Die Luftwaffe hat gemeinsam mit uns ein einzigartiges, leistungsbasiertes, virtuelles Unterstützungsmodell entwickelt, das die Bereitschaftsraten hoch hält und gleichzeitig die Instandhaltungskosten senkt.«

Hilfe in der Pandemie

Boeing-Teams unterstützen C-17-Kunden bei COVID-19-Einsätzen

Während die Welt gemeinsam gegen die Ausbreitung von COVID-19 kämpft, tragen Produkte und Dienstleistungen von Boeing zu einigen entscheidenden Aspekten der globalen Reaktion bei.

Die C-17 Globemaster III steht mit ihrer unübertroffenen Fähigkeit, Vielseitigkeit und Zuverlässigkeit an vorderster Front dieser Bemühungen. Die US-Luftwaffe und acht internationale Kunden haben ihre C-17-Maschinen eingesetzt, um lebensrettende Missionen durchzuführen und medizinische Hilfe zu leisten. Boeing Global Services-Teams auf der ganzen Welt sorgen für die Ausbildung der Flugzeugbesatzung sowie für die Instandhaltung und Modernisierung der Flugzeuge, um den Erfolg dieser Missionen zu gewährleisten. Seit Februar 2020 haben die Kunden von Boeing ihre C-17 zu einer Vielzahl von Einsätzen geschickt. Sie haben persönliche Schutzausrüstungen geliefert, wichtige medizinische Güter transportiert, Bürger repatriiert und COVID-19-Patienten transportiert.

Um sicherzustellen, dass diese Einsätze erfolgreich abgeschlossen werden, bieten Boeing-Außenteams rund um die Uhr technische und logistische Unterstützung im Rahmen eines leistungsbasierten Logistikvertrags, bei dem die Kunden für die Bereitschaft und Fähigkeit des Flugzeugs und nicht für bestimmte Teile oder Dienstleistungen bezahlen. »Wir sind stolz auf die enge Partnerschaft, die wir mit unseren Kunden pflegen, und die Vorteile dieser Partnerschaft sind heute größer denn je«, sagte Mark Angelo, Vice President C-17 Services bei Boeing Global Services. »Wir fühlen uns der Mission der C-17, unseren Kunden von der US Air Force und unseren acht globalen C-17-Partnern verpflichtet. Unsere Mitarbeiter sind stolz darauf, dass ihre Arbeit einen Unterschied macht, da wir weiterhin Truppen und humanitäre Bemühungen auf der ganzen Welt unterstützen.«

Derzeit sind 275 C-17 weltweit im Einsatz. Der größte Kunde des Flugzeugs ist die US-Luftwaffe mit 222 Maschinen auf 16 Basen. Darüber hinaus betreiben das Vereinigte Königreich, Australien, Kanada, Kuwait, Katar, die Vereinigten Arabischen Emirate, Indien und die 12 Nationen umfassende Strategic Airlift Capability das Flugzeug.

Anfang 2021 wird die Globemaster III einen wichtigen Meilenstein erreichen: vier Millionen Flugstunden. Sie wird eine der schnellsten militärischen Frachtflugzeuge sein, die jemals diesen Meilenstein erreicht haben.

Nachhaltiges Fliegen

Das Boeing-Werk in San Antonio, Texas, hat am 8. Juni 2016 fast 1.000 Flugzeuge modernisiert und an Kunden in aller Welt ausgeliefert. Zu diesen Flugzeugen gehört auch die C-17 Globemaster III-Flotte. Der Großteil der Arbeiten findet im größten freistehenden Hangar der Welt statt (laut Guinness World Records). Die Flugzeuge werden einer Generalüberholung unterzogen, die Arbeiten an der Struktur, der Avionik und den Selbstverteidigungssystemen umfasst, damit die C-17-Flotte noch jahrzehntelang fliegen kann.

Boeing schloss die Produktion der letzten C-17 Globemaster III, Flugzeug Nummer 279, im November 2015 ab, und derzeit sind 271 C-17 in der ganzen Welt im Einsatz. Im Jahr 2015 überschritt die Flotte die Marke von drei Millionen Flugstunden. Der größte Kunde ist die US-Luftwaffe mit 223 Flugzeugen. Auch das Vereinigte Königreich, Australien, Kanada, Kuwait, Katar, die Vereinigten Arabischen Emirate, Indien und die NATO betreiben die C-17 Globemaster III. Die Wartungsarbeiten an der C-17 werden auch auf der Robins Air Force Base in Warner Robins, Georgia, durchgeführt.

Drei Millionen Flugstunden

Das sagt Boeing darüber

Boeing, die US-Luftwaffe und die weltweite Flotte der C-17 Globemaster III feierten das Erreichen von drei Millionen Flugstunden mit einem feierlichen Flug von der Robins Air Force Base in Georgia zur Joint Base Charleston in South Carolina. Der Flug wurde mit Feierlichkeiten auf beiden Stützpunkten begangen, bei denen Boeing, die Luftwaffe und die Gäste, darunter auch diejenigen, die das Glück hatten, an dem Flug teilzunehmen, sich gegenseitig zu dieser unglaublichen Leistung gratulierten.»Es war fantastisch, dort oben zu sein und das zu erleben, und die Kraft von diesem Ende des Flugzeugs zu erfahren. Es war wirklich wunderbar», sagte die Leiterin des C-17-Systemprogramms, Oberst Amanda Myers.

Nach Angaben der Air Force entsprechen drei Millionen Flugstunden einer 55.555-maligen Erdumrundung, 2.948 Reisen zum Mond oder 342 Jahren Nonstop-Flugzeit einer einzigen C-17.

Boeing hat 223 C-17 Globemaster III an die USAF und 44 an seine weltweiten Partner ausgeliefert.

Die C-17-Flotte feiert drei Millionen Flugstunden

Das sagt die U.S. Air Force darüber

Die C-17 Globemaster III hat erneut bewiesen, dass sie das weltweit führende Lufttransportmittel bleibt, nachdem die gesamte C-17-Flotte am 5. Mai den historischen Meilenstein von 3 Millionen Flugstunden erreicht hat.

Die C-17 ist das einzige strategische Transportflugzeug der Welt, das über taktische Fähigkeiten verfügt, die es ihm ermöglichen, zwischen den Kontinenten zu fliegen, auf kurzen, kargen Landebahnen zu landen und Versorgungsgüter genau dort abzuwerfen, wo sie benötigt werden. Die C-17-Flotte befindet sich in ihrem 22. Betriebsjahr; sie wurde im Juni 1993 erstmals ausgeliefert.

Der Weg zur 3-millionsten Flugstunde begann am 15. September 1991, als das Flugzeug seinen Jungfernflug absolvierte. Im März 2006 überschritt die C-17 die 1-Million-Stunden-Marke und im Dezember 2010 die 2-Millionen-Stunden-Marke.

Auf der Robins Air Force Base in Georgia und der Joint Base Charleston fand eine Zeremonie statt, um den Meilenstein der Flotte zu feiern. Im Rahmen der Zeremonie absolvierte ein Team aus Charleston und Boeing einen feierlichen Flug.

»Es ist ein großes Privileg und eine Ehre, Teil des C-17-Programms zu sein«, sagte Oberst Amanda Meyers, die Leiterin des C-17-Systemprogramms. »In der relativ kurzen Geschichte der C-17 hat sie Außergewöhnliches geleistet.

Die Plattform bietet unserer Nation sowie acht weiteren Partnernationen unvergleichliche strategische und taktische Lufttransport- und Luftabwurfmöglichkeiten», so Meyers weiter. »Sie ist das Lufttransportmittel der Wahl für unsere Luftwaffe. Die unglaubliche Partnerschaft zwischen unseren aktiven Streitkräften, den Reservekräften und der Nationalgarde macht die C-17 zu einem wichtigen Partner für die Vereinigten Staaten von Amerika. Sie ermöglicht es uns nicht nur, die Kriege unserer Nation zu führen und zu gewinnen, sondern auch humanitäre Hilfe auf internationaler Ebene zu leisten.«

Die Luftwaffe besitzt 222 C-17, und unsere internationalen Verbündeten verfügen über 44 dieser strategischen Lufttransportflugzeuge.

»Unsere Partnerländer profitieren ebenfalls in hohem Maße von den Fähigkeiten, die die C-17 für ihre Verteidigungsorganisationen und nationalen globalen Beiträge bietet«, sagte Meyers.

Meyers, der im vergangenen Sommer die Leitung des C-17-Programms übernommen hat, ist sich bewusst, wie viel die C-17 zu leisten vermag.

»Jedes Mal, wenn die Nachrichten laufen und es einen Hilferuf oder eine unbestreitbare Fähigkeit gibt, ist die C-17 Teil der Geschichte«, sagte sie. »Letzten Sommer schaltete ich die Nachrichten ein und sah, wie eine C-17 der Royal Australian Air Force nach dem MH17-Absturz eine würdevolle Überführung durchführte. Letzte Woche schaltete ich die Nachrichten ein, um von dem Erdbeben in Nepal zu hören und eine C-17 der indischen Luftwaffe zu sehen, die humanitäre Hilfe leistete, gefolgt von C-17-Maschinen aus den Vereinigten Staaten, Kanada und dem Vereinigten Königreich.«

»Die C-17 ist da, wo und wann immer die Nation ruft, sei es um in den Krieg zu ziehen oder den Frieden zu fördern«, so Meyers weiter. »Unsere Aufgabe ist es, sichere, effektive und unübertroffene Fähigkeiten mit globaler Reichweite zu erwerben und zu erhalten.«

Mit Meyers flog auch Generalmajor a.D. Robert McMahon, der Boeing-Direktor für Außeneinsätze. »Wie viele von Ihnen wissen, feiert Boeing in diesem Jahr sein 100-jähriges Bestehen, und wir haben jeden Mitarbeiter aufgefordert, etwas Besseres zu schaffen«, sagte McMahon. »Ich kann Ihnen sagen, dass wir mit der C-17 genau das erreicht haben. Sie ist das beste Lufttransportfahrzeug der Welt.«

McMahon erkannte an, dass der Erfolg des Flugzeugs bei den Menschen liegt, die es gebaut haben, es warten und es fliegen.

»Wir und Boeing sind ungeheuer stolz auf diejenigen, die dieses Flugzeug entworfen und gebaut haben, auf diejenigen, die es heute warten und instand halten, und auf diejenigen, die es derzeit betreiben«, sagte er.

Im Laufe der Zeit hat die Welt die C-17 als das Fahrzeug gesehen, das Hoffnung und Freiheit bringt.

»Was (die C-17) so besonders macht, ist, dass dieses Flugzeug jeden Tag, egal unter welchen Bedingungen, etwas ganz Besonderes transportiert, nämlich Hoffnung für die Menschen am Boden«, sagte McMahon. »Ob im Irak oder in Afghanistan, ob auf den Straßen von New Orleans während der Überschwemmungen oder an einem Ort wie Nepal heute. Wenn der T-Tail jeden Tag auftaucht, dann bedeutet das für die Menschen vor Ort Hoffnung für die Zukunft. Das ist es, was diese großartigen Crews liefern.«

Nach der Ankunft der Besatzung in Charleston richtete Col. John Lamontagne, der Kommandeur des 437th Airlift Wing, das Wort an die Teilnehmer der Zeremonie. »Heute ist eine großartige Feier zur Anerkennung von 3 Millionen Stunden in der C-17«, sagte Lamontagne. »Wir haben einen langen Weg zurückgelegt, seit wir im Juli 1993 zum ersten Mal hier angekommen sind. Wir haben eine Menge Lektionen gelernt. Es ist ein fantastisches Flugzeug, das von Boeing für die Luftwaffe gebaut wurde. Die Luftwaffe spricht von 'etwas Erstaunlichem,« sagte Lamontagne. »Dieses Flugzeug macht etwas Erstaunliches.«

Die letzte Vereinigung von C-17-Komponenten

Am 26. Februar 2015 setzten Mitarbeiter der C-17 in der Boeing-Fertigungsstätte in Long Beach zum letzten Mal die Nase, den mittleren Rumpf, die Tragflächen und das Heck zusammen. Das Flugzeug 279 ist die letzte große Verbindung der C-17 und wird das letzte Flugzeug sein, das vom Fließband läuft.

Der große Zusammenbau beginnt am frühen Morgen mit dem Schleppen der vier massiven Teile zu einem zentralen Ort. Kranführer und Teams heben die Teile langsam an und platzieren sie in einer riesigen Vorrichtung. Dann werden sie wie ein riesiges Puzzle zusammengesetzt. Es ist ein bittersüßes Ende für die Mitarbeiter. Einige haben bei der Eröffnung des Werks mit der Arbeit an Flugzeug Nummer eins begonnen. Sie sind alle stolz darauf, dass ihre Arbeit noch jahrzehntelang fortbestehen wird, um Truppen und humanitäre Bemühungen in aller Welt zu unterstützen. Schauen Sie sich das Video an, um zu sehen, wie die letzte C-17 zusammengebaut wird. Es gibt auch zwei großartige flickr-Fotoalben. Das eine zeigt die große Zusammenführung, das andere die C-17 in Aktion im Laufe der Jahre.

Von Long Beach nach Charleston

Boeing-»Defense« Magazin am 18. September 2013

Nach mehr als zwei Jahrzehnten wird die Produktion der C-17 Globemaster III von Boeing im Jahr 2015 beendet und die C-17-Endmontage in Long Beach,

Kalifornien, geschlossen. »Die Einstellung der C-17-Produktion war eine sehr schwierige Entscheidung», sagte Dennis Muilenburg, President und Chief Executive Officer von Boeing Defense, Space & Security. »Obwohl der Wunsch nach den Fähigkeiten der C-17 groß ist, können die Budgets zusätzliche Käufe nicht in dem Zeitrahmen unterstützen, der erforderlich ist, um die Produktionslinie offen zu halten.«

Der Produktionsplan bis 2015 umfasst C-17 für Partnerländer, aber für Boeings größten Kunden, die US-Luftwaffe, endete die C-17-Produktionslinie am 12. September, als Boeing die 223. C-17 für die US-Luftwaffe auslieferte, 20 Jahre nach der ersten Lieferung.

»Dies ist nicht das Ende eines Kapitels, sondern das Ende eines Abschnitts«, sagte General Paul Selva, Befehlshaber des U.S. Air Mobility Command. »Es gibt noch viel mehr Geschichte, die mit diesem Flugzeug geschrieben wird. Wir werden es noch Jahrzehnte lang fliegen.«

Die C-17 Globemaster III hat weltweit mehr als 2,6 Millionen Flugmeilen zurückgelegt und steht an der Spitze von Kampfeinsätzen und humanitärer Unterstützung aus der Luft. Ihre kombinierten strategischen und taktischen Fähigkeiten ermöglichen es ihr, zwischen Kontinenten zu fliegen, auf kurzen Landebahnen zu landen und Tausende von Kilos an Fracht zu transportieren.

»Die Zuverlässigkeit der C-17 ermöglicht es uns, Kampfflugzeuge dorthin zu bringen, wo sie gebraucht werden, und Fracht dorthin, wo sie gebraucht wird, und sie ist präzise und zuverlässig«, sagte Oberst Dennis Dabney, 437th Maintenance Group Commander.

Nan Bouchard, Vizepräsidentin von Boeing und Leiterin des C-17-Programms, sagte, auch wenn dies die letzte C-17 für die US-Luftwaffe sei, werde das Erbe der C-17 fortbestehen. »Jeder Mitarbeiter hier ist stolz darauf, dieses erstaunliche Flugzeug zu bauen. Wir setzen das Erbe fort, indem wir C-17 für unsere Partnerländer bauen, und wir werden weiterhin mit der US-Luftwaffe zusammenarbeiten, um sicherzustellen, dass ihre Flugzeuge auch in Zukunft Spitzenleistungen erbringen.«

Die letzte C-17 der Luftwaffe wird auf der Joint Base Charleston, S.C., stationiert, wo auch die erste, 1993 ausgelieferte C-17 stationiert ist. Boeing unterstützt die weltweite C-17-Flotte im Rahmen des C-17 Globemaster Integrated Sustainment Program (GISP) mit Mitarbeitern auf der Joint Base Charleston und auf Betriebsstützpunkten rund um den Globus und wird auch in den kommenden Jahren innovative Unterstützungsdienste anbieten.

Realismus, Einsatzbereitschaft und Kosteneinsparungen

Boeing-»Defense« Magazin am 5. August 2013

Nie Mitglieder des 445th Airlift Wing auf der Wright-Patterson Air Force Base in Ohio sind in heller Aufregung. Der Stützpunkt, auf dem neun C-17 Globemaster III-Flugzeuge stationiert sind, feierte offiziell die Eröffnung seines ersten C-17-Schulungszentrums, das einen C-17-Flug- und Lademeistersimulator umfasst.

»Es ist eine hochmoderne Maschine, wir sind begeistert«, sagte Oberst Stephen Goeman, Kommandant des 445th Airlift Wing.

Vor der Auslieferung des neuen Ausbildungszentrums im Juni reisten die C-17-Piloten und Lademeister des Wright-Patt zu Orten wie Jackson, Missouri, um sich neu zu zertifizieren und andere Ausbildungsanforderungen zu erfüllen.

Laut Oberstleutnant Rich Klarich, einem C-17-Piloten am Wright-Patt, dauerte die Ausbildung oft eine Woche, wenn man die An- und Abreise mit einrechnet. Mit dem neuen Ausbildungszentrum in Wright-Patt kann dieselbe Ausbildung in nur einem Tag absolviert werden, was eine jährliche Einsparung von fast 1 Million Dollar bedeutet.

Boeing lieferte das gesamte Schulungszentrum, das neben den Hightech-Simulatoren auch Unterrichtsräume umfasst. Allein der Flugsimulator wiegt etwa 30.000 Pfund. »Dies ist der 23. C-17-Simulator, den Boeing an die U.S. Air Force geliefert hat», sagte Tracy Mead, Boeings C-17 Aircrew Training Systems Program Manager.

Humanitärer Einsatz

Eine C-17 Globemaster III-Besatzung der March Air Reserve Base kehrte am 1. Februar 2010 Februar nach einem fünftägigen humanitären Einsatz in Port-au-Prince, Haiti, nach Hause zurück. Die neunköpfige Besatzung der 729th Airlift Squadron brachte 171.400 Pfund Fracht und 25 Armee- und Luftwaffenangehörige nach Haiti und transportierte 263 Evakuierte und Helfer in einer C-17 ab.

Seit dem 15. Januar haben Beamte der March ARB im Rahmen der Operation Unified Response sechs Einsätze mit 40 Soldaten durchgeführt, um Fracht nach Haiti zu transportieren und Evakuierte aus Haiti zu evakuieren. Sie haben mehr als 900 amerikanische Staatsbürger und Ausländer in die Vereinigten Staaten evakuiert und nach dem Erdbeben der Stärke 7,0 am 12. Januar mehr als 1,5 Millionen Pfund an Ausrüstung und Hilfsgütern nach Haiti geflogen.

Die erste ARB-Besatzung wurde am 26. Januar in Alarmbereitschaft versetzt und brach am nächsten Tag mit sieben Medienvertretern im Schlepptau auf, um den Einsatz zu dokumentieren.

Zur Besatzung gehörten drei Piloten, zwei Lademeister und zwei Flugzeugmechaniker. Zwei Ravens der Sicherheitskräfte - das Äquivalent der Luftwaffe zu Sky Marshals - waren ebenfalls an Bord, um für die Sicherheit der Besatzung und des Flugzeugs zu sorgen.

Die Besatzung flog nach Louisville, Kalifornien, und holte mehrere Armeefahrzeuge, eine Palette mit Nachschub und 15 Soldaten aus Fort Knox, Kalifornien, ab. Das Flugzeug landete um Mitternacht problemlos in Port-au-Prince, und die wartenden Lufttransporteure konnten den Frachtraum auf einer ruhigen, nicht überfüllten Rampe entladen. Zweiundvierzig Stunden nach dem Abflug von March ARB landete die Besatzung am 28. Januar um 8.30 Uhr auf dem Orlando Sanford International Airport in Florida. Beamte der US-Zoll- und Grenzschutzbehörde stiegen in das Flugzeug ein, um die Passagiere abzufertigen, während die Besatzung die letzten Checklisten durchging, um das Flugzeug herunterzufahren. Die Besatzungsmitglieder hatten 14 Stunden lang Ruhe und warteten auf Details zu ihrem nächsten Einsatz.

Die Flugzeugbesatzung verließ Orlando am 29. Januar um 3 Uhr morgens in Richtung Pope Air Force Base, N.C., um 41.000 Pfund Fracht abzuholen. Die auf 16 Paletten verpackte Fracht enthielt Insektennetze, Zelte, Bürobedarf und 10 Dekontaminationseinheiten, die teilweise zu Duschen umgebaut worden waren. Zwei Soldaten, die in der Umwandlung der Einheiten in Duschen geschult waren, begleiteten die Besatzung auf dem 3,5-stündigen Flug nach Port-au-Prince.

Der Platz auf der Rampe in Port-au-Prince ist knapp bemessen, so dass für die Ankunft jedes Flugzeugs ein Zeitfenster von 40 Minuten zur Verfügung steht. Probleme am Boden mit Fracht oder Passagieren können leicht zu Engpässen und Verspätungen in der Luft führen. Durch den Trubel des Tages verzögerte sich die Ankunft der C-17 um 20 Minuten.

Außerhalb des Terminals des Flughafens Toussaint L'Ouverture kontrollierte die US-Zollbehörde und der Grenzschutz die Passagiere, während Haitianer außerhalb der Absperrung standen und auf einen Job hofften. Mitarbeiter von Hilfsorganisationen trugen Waisenkinder durch den Kontrollbereich und versuchten, sie aus Haiti herauszubringen.

Einige der Crewmitglieder bekamen einen Einblick in das Innere des Flughafens. Überall gab es große Risse in den Betonblöcken und im Putz. Einige Deckenplatten waren heruntergefallen, die Glastüren waren mit Rissen übersät und in der Gepäckausgabe standen Wasserlachen. Der Kontrollturm war leicht schief und alle Fenster waren zerbrochen. Daher war das Flugplatzbetriebsteam damit beschäftigt, von einem ausklappbaren Tisch aus Lande- und Startgenehmigungen zu erteilen.

Zurück an der C-17 standen die ersten der 176 Evakuierten in einer Reihe und warteten darauf, das Flugzeug zu besteigen. Viele von ihnen waren erschöpft und durch die Hitze dehydriert.

Mitglieder der C-17-Besatzung halfen älteren und verletzten Passagieren auf Sitze an den Seiten des Flugzeugs. Die übrigen Passagiere saßen zu acht in einer Reihe auf dem Boden des Flugzeugs. Bei dieser Art der Bodenbeladung sitzt jede Reihe von Passagieren unter einem langen Frachtgurt, der als Sicherheitsgurt dient.

»Keiner von uns hatte jemals zuvor jemanden am Boden verladen«, sagte Oberstleutnant Jim Daronco, der Kommandant der Mission. »Alle haben großartige Arbeit geleistet.«

Die C-17 war mit Mitarbeitern von Hilfsorganisationen, die auf dem Weg nach Hause waren, sowie mit Haitianern mit US-Pässen oder -Visa und ihren Kindern voll besetzt. Einige der Passagiere waren noch nie zuvor geflogen. Als die Maschine 1,5 Stunden später auf dem internationalen Flughafen Orlando Sanford landete, jubelten die Passagiere.

Nach der Zwischenlandung in Orlando flog die Besatzung für eine 38-stündige Ruhepause nach Charleston AFB, S.C., und brach am 31. Januar um 11 Uhr nach Robins AFB, Ga., auf, um acht Soldaten der 53rd Combat Communications Squadron abzuholen, die in Haiti Kommunikationsausrüstung aufbauen sollten. Das Flugzeug transportierte außerdem 60.000 Pfund Fracht, zwei Tankwagen und fünf Paletten.

Der dritte Flug nach Port-au-Prince verlief reibungslos, und die Maschine wurde bei Sonnenuntergang schnell entladen. Cynthia und Fabiols Fils, Schwestern aus New Jersey, waren unter den 79 Passagieren, die das Flugzeug für den Rückflug nach Orlando bestiegen. Sie waren eine Woche lang in Haiti gewesen und hatten versucht, ihrer Schwester und ihrer Mutter zu helfen, in die Vereinigten Staaten zu gelangen. Leider mussten sie ohne sie abreisen.

United States Air Force Captain Mike Wollet (links) und Captain Jay Clark fliegen eine C-17 Globemaster mit humanitärer Erdbebenhilfe nach Indien. (NARA)

Lufthafenarbeiter der 633. AMSS entladen Paletten aus einer C-17 vom 7. Luftbrückengeschwader mit humanitären Hilfsgütern für Erdbebenopfer am Ahmedabad International Airport, Indien. (NARA)

»Wir haben den Menschen in unserem Viertel geholfen», sagte Fabiols Fils. »Die Situation ist unglaublich: keine Häuser, keine Lebensmittel.«

Sie sagte, dass noch keine Hilfskräfte in der Gegend waren, aber dass »Sie wären überrascht, wie viele Menschen sich gegenseitig helfen.«

Senior Airman Rahman Badarane, ein Lufttransporteur von Hill AFB, Utah, der seit 10 Tagen in Haiti ist, war ebenfalls auf dem Flug von Haiti nach Orlando. Er sagte, auf dem Flughafen herrsche viel weniger Chaos als bei seiner Ankunft, als es nicht genügend Menschen, Lastwagen oder Versorgungsgüter zu geben schien.

Ein weiterer Passagier war Major Wendy Garrity vom Marine Corps, die Leiterin der Abteilung für Cyberdienste beim Kommunikationschef des US Southern Command. Ihr Team war in Haiti gewesen, um zu prüfen, wie die Kommunikationsmöglichkeiten für das Militär durch kommerzielle Anbieter erweitert werden könnten. An diesem Morgen hatte sie unzählige Menschen gesehen, die in ihren Sonntagskleidern gekleidet waren und trotz ihrer großen Probleme in die Kirche gingen.

»Sie sind so unverwüstlich«, sagte sie.

Die ARB-Besatzung landete um 23.11 Uhr in Orlando und lud die Passagiere aus. Die Besatzung bereitete sich schnell auf den Rückflug nach March ARB vor und hob um 12:17 Uhr ab. Nach einem 21-Stunden-Tag landete die Besatzung um 2 Uhr nachts bei March ARB.

»Ich bin froh, dass ich ein Teil der Mission war und dass die Ausbildung, die ich erhalten habe, meinen Beitrag zu etwas geleistet hat, das größer war als ich«, sagte Tech. Sgt. Levon Barney von der 452nd Aircraft Maintenance Squadron.

Auf der Flucht vor dem Hurricane

Elf C-17 Globemaster III Flugzeuge wurden am 4. September 2008 wegen möglicher Unwetter durch den Tropensturm Hanna evakuiert.

Die Evakuierung der C-17 begann am Vormittag und dauerte bis etwa 14.15 Uhr. Sechs der Flugzeuge wurden auf die Wright-Patterson Air Force Base, Ohio, verlegt, während die übrigen fünf auf die Whiteman AFB, Mo, verlegt wurden.

Derzeit ist der Flugbetrieb hier ausgesetzt, bis die Flugzeuge sicher zurückkehren können. Das letzte Mal, dass Beamte der Charleston AFB Flugzeuge wegen eines Hurrikans evakuiert haben, war im August 2006.

»Wir haben den Tropensturm Hanna in der vergangenen Woche beobachtet und ergreifen die entsprechenden Maßnahmen, um sicherzustellen, dass sowohl die Basis als auch unsere Mitarbeiter bereit sind«, sagte Oberst John Millander, Kommandeur des 437th Airlift Wing. »Wir verlagern unsere Flugzeuge aus zwei Gründen. Zum einen, um die Sicherheit der Flugzeuge zu gewährleisten, und zum anderen, um die Flugzeuge weiterhin nutzen zu können, so dass wir im Falle eines Einsatzes immer noch die Möglichkeit haben, zu operieren.

Der Oberst sagte, dass der tägliche Betrieb so lange aufrechterhalten wird, bis die Stützpunktleitung feststellt, dass die Sicherheit der Bevölkerung von Charleston durch den Sturm gefährdet sein könnte.

»Unser Hauptanliegen ist die Sicherheit unserer Flieger und ihrer Familien«, sagte er. »Wir stellen sicher, dass wir wirksame Maßnahmen ergreifen, um sie über den Stand der Dinge zu informieren, und dass wir die entsprechenden Vorbereitungsmaßnahmen treffen.«

Zum jetzigen Zeitpunkt wurde keine zwingende Evakuierung des Personals angeordnet. Zur Erinnerung: Im Falle einer Evakuierung müssen die Soldaten und ihre Familien das Personnel Relocation Center unter der Nummer 1-800-435-9941 anrufen, um dem Air Force Personnel Center ihren Aufenthaltsort, eine gute Kontaktnummer und alle anderen relevanten Informationen mitzuteilen. Die Piloten werden außerdem gebeten, täglich anzurufen, um zu erfahren, wann sie zur Basis zurückkehren können.

»Es ist zwingend erforderlich, dass die Vorgesetzten die 100-prozentige Verantwortung für das Personal und seine Familien aufrechterhalten, auch für diejenigen, deren Angehörige im Einsatz sind«, sagte Oberst Millander. »Nichts ist wichtiger als unsere Flieger, die jeden Tag ihren Auftrag erfüllen. Ich weiß die harte Arbeit zu schätzen, die jeder Einzelne geleistet hat, um die Sicherheit des Teams Charleston zu gewährleisten. Bleiben Sie weiterhin positiv und konzentriert. We are in this together.«

Dem zivilen Luftverkehr um Jahre voraus

Eine C-17 Globemaster III startete am 22. Oktober 2007 zu einem Flug mit einer Mischung aus synthetischen und JP-8-Kraftstoffen in allen vier Tanks.

Eine C-17 Globemaster III fliegt über New York City, nachdem sie den ersten Transkontinentalflug mit synthetischem Treibstoff absolviert hat. Das Frachtflugzeug flog von der McChord Air Force Base, Washington, zur McGuire AFB, N.J. (U.S. Air Force/Randy Hepp)

Dies ist das erste Mal, dass eine C-17 mit einem Fischer-Tropsch/JP-8-Gemisch als einzigem Treibstoff an Bord geflogen ist. Mitglieder der Air Force flogen am 19. Oktober erfolgreich eine C-17 mit dem Fischer-Tropsch/JP-8-Gemisch in einem Tank, um die Triebwerksleistung zu überprüfen.

Die Zertifizierung der C-17 ist der nächste große Schritt der Luftwaffe, um synthetische Kraftstoffmischungen für ihre Flotte zu zertifizieren. Die C-17 ist das Arbeitspferd der Lufttransportflotte und der größte Nutzer von Düsenkraftstoff. Der vierstündige Flug diente dazu, die Leistung des Flugzeugs unter Verwendung des synthetischen Treibstoffs zu bewerten. Die Mission umfasste den Betrieb des Hilfstriebwerks am Boden und die Bewertung der Leistung der Triebwerke und des Kraftstoffmengenmesssystems während des Fluges im gesamten Einsatzbereich der C-17.

Eine Besatzung des Air Force Flight Test Center flog den Einsatz und war mit der Leistung des Flugzeugs zufrieden, hieß es.

»Es gab keinen erkennbaren Unterschied zwischen JP-8 und Fischer-Tropsch«, sagte Maj. Scott Sullivan, der Pilot der Mission.

Die abschließenden Schritte zur Zertifizierung der C-17 umfassen eine Service-Evaluierung auf dem Luftwaffenstützpunkt McChord in Washington, den Abschluss von Materialkompatibilitätstests und die endgültige Qualifizierung des Triebwerks, des Hilfstriebwerks und des Kraftstoffmengenmesssystems mit dem Fischer-Tropsch/JP-8-Gemisch.

Die flottenweite Zertifizierung ist für das erste Quartal 2008 geplant. Damit ist die C-17 Globemaster III die zweite AF-Plattform, die für die Verwendung dieser synthetischen Kraftstoffmischung zertifiziert wird. Die B-52 Stratofortress war die erste, deren Zertifizierung am 8. August abgeschlossen wurde.

In Übereinstimmung mit der Assured Fuels Initiative des Secretary of the Air Force sollen alle Flugzeuge der USAF bis 2011 zertifiziert werden. Im Aeronautical Systems Center, Wright-Patterson Air Force Base, Ohio, wurde ein Büro eingerichtet, um diese beispiellose Anstrengung zu verwalten.

Die C-17 Globemaster III T-1 bei einem Testflug über Owens Valley, Kalifornien. (U.S. Air Force)

Ein C-17-Prototyp flog ins Museum

Die 1993 in Dienst gestellte C-17 Globemaster III ist das neueste und vielseitigste Frachtflugzeug der U.S. Air Force in der Lufttransportflotte. Die C-17 ist in der Lage, Truppen und alle Arten von Fracht schnell und strategisch zu den wichtigsten Operationsbasen oder direkt zu kleinen, abgelegenen Flugplätzen zu bringen. Sie kann auch taktische Lufttransport- und Luftabsetzmissionen durchführen oder bei aeromedizinischen Evakuierungen Sänften und ambulante Patienten transportieren.

Die C-17 wird von einer dreiköpfigen Besatzung (Pilot, Kopilot und Lademeister) bedient und kann etwa 170.000 Pfund Fracht transportieren. Die große Hecktür bietet Platz für fast alle luftverladbaren Fahrzeuge und palettierte Fracht der US-Armee, einschließlich des Kampfpanzers M-1 Abrams der Armee. Die C-17 kann auf Start- und Landebahnen starten und landen, die nur 3.500 Fuß kurz und nur 90 Fuß breit sind. Die vier Triebwerke vom Typ Pratt & Whitney F117-PW-100 können ihren Schub umkehren, um das Flugzeug bei der Landung abzubremsen. Die Schubumkehrer lenken die Triebwerksabgase nach oben und nach vorne, um zu verhindern, dass Staub und Schmutz in die Triebwerkseinlässe gesaugt werden. Diese umkehrbaren Triebwerke ermöglichen es dem Piloten auch, das Flugzeug zurückzusetzen oder es auf einer schmalen Landebahn mit einer Dreipunkt-Sternwende zu wenden.

Bei der ausgestellten Globemaster III handelt es sich um den Prototyp der C-17. Er wurde von der Douglas Aircraft Co. gebaut, die heute zu Boeing gehört, und trug die

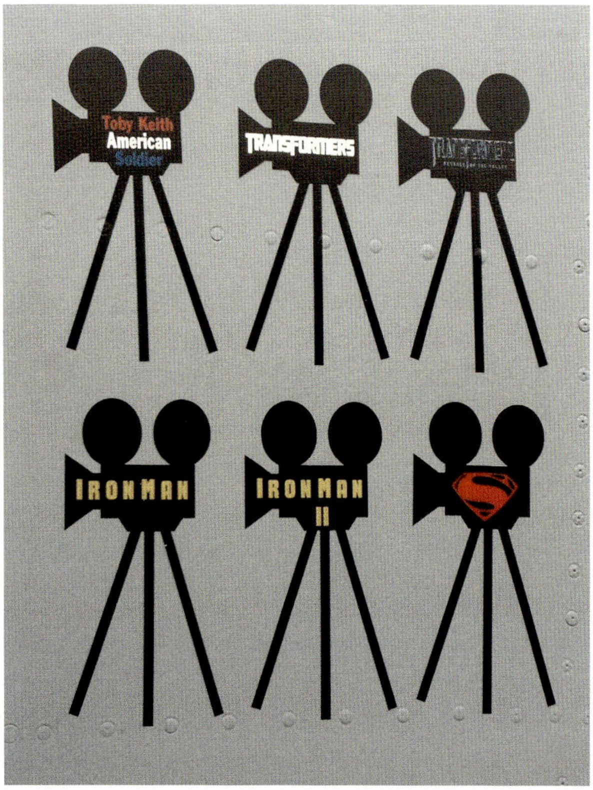

Die erste C-17 (T-1) der U.S. Air Force kommt nach ihrem letzten Flug am 25. April 2012 im Nationalmuseum der U.S. Air Force an. Zusätzlich zu ihrer Rolle als Flugtestflugzeug ist T-1 auch ein Hollywoodstar. Das Flugzeug erschien in Country-Superstar Toby Keiths Emmy-preisgekrönter Produktion von »American Soldier«. T-1 erschien in fünf weiteren Kinofilmen: »Transformers«, »Iron Man«, »Transformers: Revenge of the Fallen«, »Iron Man 2« und »Superman: Man of Steel« (erschien 2013 bei Warner Brothers). (U.S. Air Force)

Bezeichnung T-1 (S/N 87-0025). Die T-1 absolvierte ihren ersten Flug am 15. September 1991, als sie zu Testzwecken an die USAF auf der Edwards Air Force Base in Kalifornien ausgeliefert wurde. Nach Abschluss des umfangreichen C-17-Flugtestprogramms unterstützte T-1 viele andere Flug- und Antriebstestprogramme für die USAF, die NASA und andere.

Filmstar

Die T-1 trat auch in einer Reihe von großen Kinofilmen auf, darunter »Transformers« (2007), »Transformers: Die Rache der Gefallenen« (2009), »Iron Man« (2008) und »Iron Man 2« (2010).

Nach 20 Jahren umfangreicher Flugtests hatte T-1 das Ende seiner Flugkarriere erreicht und wurde 2011 auf der Edwards AFB ausgemustert. Im April 2012 wurde die T-1 ins Museum geflogen, um ihre neue Karriere zu beginnen.

Die erste C-17 (T-1) (S/N 87-0025), im Wesentlichen nur für Entwicklungstests und -bewertungen für die US Air Force als Einzelstück von Hand gebaut, kommt nach ihrem letzten Flug am 25. April 2012 im Nationalmuseum der U.S. Air Force an. (U.S. Air Force/Jeff Fisher)

Col. Douglas Jaquish, stellvertretender Kommandeur des Air Force Flight Test Center, Edwards AFB, Calif., »übergibt« die erste C-17 (T-1) der U.S. Air Force an Lt. Gen. (Ret.) Jack Hudson, Direktor des National Museum of the U.S. Air Force. Die C-17 erreichte das Museum nach ihrem letzten Flug am 25. April 2012. (U.S. Air Force/Jeff Fisher)

Die C-17 wird zu ihrem Ausstellungsplatz im Air Park des National Museum of the U.S. Air Force, Dayton, Ohio gezogen. (U.S. Air Force)

Die Boeing C-17 Globemaster III im Air Park des National Museum of the U.S. Air Force. (U.S. Air Force)

Cockpit der Boeing C-17 (T-1) des National Museum of the U.S. Air Force in Dayton, Ohio. (U.S. Air Force)

C-17 im Doppelpack am 12. Mai 2018 auf Ramp 5 der Ramstein Air Base. Links die 00-0182 des 167. Airlift Wing, rechts 01-0189 des 164. Airlift Wing. (Dalibor Ankovic DA Photography)

Die C-17 im internationalen Einsatz

U.S. Air Force

Eine C-17 Globemaster III kreiste am 11. Juni 1996 nach einer Flugvorführung über der 41. Paris Air Show. Sie landete anschließend auf dem Flughafen Le Bourget. Die Globemaster war dem 437th Airlift Wing, Charleston Air Force Base, S.C, angegliedert. (NARA)

C-17 Globemaster III is towed to a parking spot at the 41st Air Show at Le Bourget Airport as the crowds watch. The Globemaster is attached to the 437th Airlift Wing, Charleston Air Force Base, S.C. (NARA)

Aircraft enthusiasts look at and photograph a C-17 Globemaster III and other aircraft at the 41st Paris Air Show at Le Bourget Airport. The Globemaster is attached to the 437th Airlift Wing, Charleston Air Force Base, S.C. (NARA)

Boeing C-17 Globemaster III auf der Paris Air Show 2009. (Georges Seguin)

U.S. AIR FORCE
0604
437TH AW
315TH AW

Eine C-17A Globemaster III startet zu einem unbekannten Einsatzort zur Unterstützung der Operation ENDURING FREEDOM. (NARA)

Eine C-17A Globemaster III der US Air Force fliegt eine Mission zur Unterstützung der Operation ENDURING FREEDOM. (NARA)

Eine C-17 Globemaster III der US Air Force landet während der OPERATION ENDURING FREEDOM auf dem Kandahar International Airport, Kandahar, Afghanistan. (NARA)

Eine Air Force C-17 Globemaster III der US Air Force rollt während der OPERATION ENDURING FREEDOM am Kandahar International Airport, Kandahar, Afghanistan, aus. (NARA)

Boeing C-17A Globemaster III & McDonnell Douglas KC-10A Extender bei der RAF Mildenhall, Suffolk, am 28. Februar 2019. (Steve Lynes)

U.S. AIR FORCE
0044
445TH AW

Flieger der 748th Aircraft Maintenance Squadron entladen einen der beiden HH-60G Pave Hawk-Hubschrauber von einer C-17 Globemaster III bei der Royal Air Force Mildenhall am 19. September 2013. Fast 100 Flieger der 56th Rescue Squadron und 748th AMXS, stationiert in RAF Lakenheath, sind nach einem fast viermonatigen Einsatz vom Flugplatz Bagram, Afghanistan, zurückgekehrt. (U.S. Air Force/ Airman 1st Class Dana J. Butler)

C-17 auf dem RAF Mildenhall, Suffolk, 27. September 2013. (Steve Lynes)

C-17 auf dem RAF Mildenhall, Suffolk, 1. August 2013. (Steve Lynes)

Auf dem Luftwaffenstützpunkt Ramstein, werden am 12. März 2001 an Bord einer C-17 Globemaster die sterblichen Überreste von Militärangehörigen der Koalition, die am 12. März 2001 bei einem Trainingsunfall in Kuwait getötet wurden, überführt. (NARA)

Eine militärische Ehrenformation nimmt die die sechs gefallenen Militärangehörigen in Empfang. (NARA)

Auf Grund ihrer Luft-zu-Luft-Betankungsfähigkeit verfügt die C-17 über einen globalen Einsatzradius. (Dalibor Ankovic DA Photography)

Die C-17 wurde zu einer Zeit entwickelt, als sich die Winglets an den Flügelenden im militärischen und zivilen Luftverkehr durchsetzten. (Dalibor Ankovic DA Photography)

Nachtaufnahme in Ramstein der C-17A des 911th Airlift Wing. Der 911th Airlift Wing ist eine dem Air Mobility Command unterstellte Einheit des Air Force Reserve Command, die auf der Pittsburgh Air Reserve Station am Pittsburgh International Airport, Pennsylvania, stationiert ist. (Dalibor Ankovic DA Photography)

U.S. AIR FORCE
0180
911TH AW

Airman 1st Class Rakim Tate trifft auf der Ramstein Air Base am 29. März 2011 Vorbereitungen zum Auftanken einer C-17 Globemaster III. Die C-17 sind Bestandteil der Operation Odyssey Dawn. U.S. Air Force/Senior Airman Caleb Pierce)

Airman 1st Class Jesse Hayes bringt auf der Air Base Ramstein, Deutschland, einen Stromabnehmer in Position, bevor er JP-8-Kraftstoff in eine C-17 Globemaster III pumpt. (U.S. Air Force/Master Sgt. Scott Wagers)

Airman 1st Class Jason O'Connor gibt auf der Ramstein Air Base am 29. März 2011 per Funk dem Controller Nachricht, dass die Betankung einer C-17 Globemaster III abgeschlossen ist. (U.S. Air Force/Senior Airman Caleb Pierce)

Staff Sgt. Erik Marsaln überprüft die technischen Befehle beim C-17-Triebwerk auf seinem Laptop, um einen Triebwerkswechsel auf einer C-17 Globemaster III auf der Ramstein Air Base, Deutschland, vorzunehmen. Sergeant Marsaln ist der 723rd Air Mobility Squadron zugeteilt. (U.S. Air Force/Master Sgt. Scott Wagers)

Staff Sgt. Erik Marsaln (rechts) und Senior Airman Bill Metz besprechen technische Triebwerksaufträge mithilfe eines Laptops, der sie durch einen simulierten Triebwerkswechsel an einer C-17 Globemaster III führt. Die Flieger sind Strahltriebwerke-Mechaniker, die dem 723rd Air Mobility Squadron zugeteilt sind. (U.S. Air Force/Master Sgt. Scott Wagers)

Der 164. Airlift Wing der U.S. Air Force ist in Memphis, Tennessee, stationiert und setzt global C-17A für Transportaufgaben des U.S.-Militärs ein. (Dalibor Ankovic DA Photography)

Die C-17A mit dem taktischen Kennzeichen 01-0191 wird gemeinsam vom 436. und dem 512. Airlift Wing auf der Dover Air Force Base, Dalaware, eingesetzt. (Dalibor Ankovic DA Photography)

Der 105th Airlift Wing, dem diese C-17 zugeteilt ist, ist eine Einheit der New York Air National Guard und hat seine Basis in Newburgh, im U.S.-Bundesstaat New York. Die Einsätze stehen unter das Kommando des Air Mobility Command der U.S.-Luftwaffe. (Dalibor Ankovic DA Photography)

Stimmungsvolle Aufnahme der C-17A 01-0194 des auf der Wright-Patterson Air Force Base stationierten 445th Air Wing. Hier rollt sie über die »Piano Keys« genannten Markierungen des Bahnendes von Runway 26 der Ramstein Air Base. (Dalibor Ankovic DA Photography)

Die C-17A der U.S. Air Force tragen alle individuelle Markierungen ihrer Einheiten im Heck. Hier jene des 145th Airlift Wing der in Charlotte beheimateten North Carolina Air National Guard. (Dalibor Ankovic DA Photography)

Im Gegensatz dazu die C-17A 02-1099 des auf der Pittsburgh Air Reserve Station beheimateten 911th Air Wings. (Dalibor Ankovic DA Photography)

Drei C-17A Hecks im Bild – aus drei Einheiten. Im Vordergrund die 02-110 des 164th Air Wing aus Memphis, Tennessee. (Dalibor Ankovic DA Photography)

Die C-17A 02-1101 des kombinierten 437th – 315th Airlift Wing der Joint Base Charleston rollt an einer Schwestermaschine in Ramstein vorbei. (Dalibor Ankovic DA Photography)

Im Anflug auf Ramstein: C-17A 00-0183 des 62nd und 446th Airlift Wing. Diese Einheiten sind auf der Joint U.S. Air Force Base Lewis - McChord in U.S.-Bundesstaat Washington stationiert. (Dalibor Ankovic DA Photography)

Start der C-17A 01-0191, die den auf der Dover Air Force Base stationierten 436th - 512th Airlift Mobility-Einheiten im U.S.-Bundesstaat Delaware zugeteilt ist. (Dalibor Ankovic DA Photography)

Wie an dem markanten Gebäude im Hintergrund zu erkennen, ging die C-17A 02-1105 am 24. Februar 2018 in Ramstein an den Start. (Dalibor Ankovic DA Photography)

Am 28. Juni 2020 gelang dieses Foto der in Ramstein startenden C-17A mit dem taktischen Kennzeichen 02-1108 des 62nd – 446th Air Mobility Wing. (Dalibor Ankovic DA Photography)

In dieser Anflugsequenz der C-17A 03-3118 sieht man eindrucksvoll die Hochauftriebshilfen, die diesem Flugzeugtyp extrem kurze Start- und Landestrecken gestatten. (Dalibor Ankovic DA Photography)

ANG
MISSISSIPPI
33118
U.S. AIR FO

U.S. AIR FORC
3118
172ND AW
SPIRIT OF THE
CHOCTAW WARRIOR

Der Name im Heck der C-17A 03-3121 weist diese Globemaster III als ein auf der kalifornischen Edwards Air Force Base stationiertes Flugzeug aus. Sie ist dort dem 418th Flight Test Squadron sowie dem 412th Test Wing zugeordnet. (Dalibor Ankovic DA Photography)

Endanflug der C-17A 04-4131 der in McGuire stationierten kombinierten Einheiten 305th und 514th Air Mobility Wing. Zur Aufgabe des 305th Wing gehört neben dem Lufttransport auch die Luft-zu-Luft-Betankung mit KC-10 Tankern. (Dalibor Ankovic DA Photography)

Mit identischer Lackierung ist ihre Schwestermaschine 04-4134 unterwegs. (Dalibor Ankovic DA Photography)

Landesequenz der C-17A 05-5139 des 452nd Air Mobility Wing, dessen Maschinen auf der March Air Reserve Base in Kalifornien stationiert ist. (Dalibor Ankovic DA Photography)

Ihr folgt die Schwestermaschine 05-5141. (Dalibor Ankovic DA Photography)

Die 05-5141 ist ebenfalls dem 452nd Air Mobility Wing der March Air Reserve Base zugeteilt. Im Einsatzfall untersteht er dem Air Mobility Command. (Dalibor Ankovic DA Photography)

Einen weiten Weg hatte diese C-17A von Ramstein zu ihrer Joint Base in Pearl Harbor-Hickam auf Hawaii vor sich. (Dalibor Ankovic DA Photography)

In Hickam ist auch diese C-17A mit dem taktischen Kennzeichen 05-5149 stationiert. (Dalibor Ankovic DA Photography)

Genau so, wie ihre Schwestermaschine 05-5152, die auf dieser am 09. Oktober 2012 entstandenen Aufnahme voll beladen in Ramstein abhebt. (Dalibor Ankovic DA Photography)

Close-up und Totale der auf der kalifornischen Travis Air Force Base stationierten C-17A 06-6158. Der 60th Air Mobility Wing ist die größte Lufttransporteinheit der U.S. Air Force. (Dalibor Ankovic DA Photography)

Auch die C-17A mit dem taktischen Kennzeichen 06-6159 ist auf der Travis Air Force Base stationiert. (Dalibor Ankovic DA Photography)

Die C-17A 06-6161 des 60th – 349th Air Mobility Wing trägt den Taufnahmen »Spirit of Rio Vista«. (Dalibor Ankovic DA Photography)

Am Namen und den Farben im Heck leicht zu identifizieren ist diese auf der Travis Air Force Base stationierte C-17A mit dem taktischen Kennzeichen 06-6163. (Dalibor Ankovic DA Photography)

Die Dover Air Force Base, der diese C-17A mit dem Kennzeichen 06-6166 zugeteilt ist, ist unter anderem Heimat des Air Mobility Command Museums der U.S. Air Force. (Dalibor Ankovic DA Photography)

Konzentrierte Startvorbereitung der Crew dieser C-17A 06-6168. (Dalibor Ankovic DA Photography)

Die C-17 ist nicht nur für den Einsatz von befestigten, extrem langen Start- und Landebahnen, wie in Ramstein, ausgelegt. Vielmehr war eine der Forderungen an McDonnell Douglas, die C-17 auch für den Einsatz von unbefestigten Pisten aus zu konzipieren. (Dalibor Ankovic DA Photography)

Der 437th Airlift Wing ist eine aktive Einheit der U.S. Air Force, die in Charleston im U.S.-Bundesstaat South Carolina ihre Heimat hat. (Dalibor Ankovic DA Photography)

C-17A 07-7185 aus Charleston kurz vor dem Aufsetzen und beim Rollen zur Parkposition auf der Ramstein U.S. Air Force Base. (Dalibor Ankovic DA Photography)

Bei dieser Aufnahme einer startenden C-17A wird der Auftrieb in Form von Kondensation über den Tragflächen anschaulich sichtbar. (Dalibor Ankovic DA Photography)

Die C-17 war eines der wenigen Flugzeugprogramme, die von Boeing auch nach der Übernahme des einstigen Konkurrenten fortgeführt wurden. (Dalibor Ankovic DA Photography)

Die C-17A 07-7186 ist in Charleston stationiert. (Dalibor Ankovic DA Photography)

C-17A 08-0001 Papa01 ist der Strategic Airlift Capability des NATO-Verteidigungsbündnisses unterstellt. (Dalibor Ankovic DA Photography)

C-17A 08-0002 02 Papa 02 und 08-0003 03 Papa 03 kommen ebenfalls für die NATO zum Einsatz. (Dalibor Ankovic DA Photography)

Auf dieser Aufnahme ist gut die starke Flügelpfeilung der C-17A zu erkennen, die ihr eine hohe Geschwindigkeit verleiht. (Dalibor Ankovic DA Photography)

Sämtliche C-17 werden von vier Pratt & Whitney PW2040 mit je 40.440 Pfund Schub angetrieben. (Dalibor Ankovic DA Photography)

Produktionsort der C-17 war das einstige McDonnell Douglas-Werk im kalifornischen Long Beach. (Dalibor Ankovic DA Photography)

Die letzte C-17 hat zwar bereits am 29. November 2015 das Endmontagewerk verlassen, doch wird dieser Flugzeugtyp noch viele Jahre – wenn nicht Jahrzehnte – im Einsatz verbleiben. (Dalibor Ankovic DA Photography)

Hier hat der Fotograf den Moment des Aufsetzens einer C-17A perfekt eingefangen. (Dalibor Ankovic DA Photography)

AMC
McCHORD
88199

Kurz nach dem Abheben fährt die Crew dieser in Charleston basierten C-17A das Fahrwerk ihres Transporters ein. (Dalibor Ankovic DA Photography)

AMC
CHARLESTON
88204

Über der startenden C-17A 90-0534 ist der Sabre F-86 »Gate Guard« der Ramstein Air Force Base gut zu erkennen. (Dalibor Ankovic DA Photography)

Während die landende C-17A 93-0603 zum neueren Flugzeugbestand der amerikanischen Luftwaffe zählt, handelt es sich bei dem rund 60 Jahre alten KC-135 Tankflugzeug im Hintergrund eher um einen Flugoldtimer. (Dalibor Ankovic DA Photography)

Ungeachtet ihrer Aufgabe als Transportflugzeug wirkt die C-17 eher als ein ausgesprochen elegant anmutendes Flugzeug. (Dalibor Ankovic DA Photography)

Mit »Nose Art«-Motiven der City of New York ist diese C-17A des 105th Air Wing aus dem U.S.-Bundesstaat New York verziert. (Dalibor Ankovic DA Photography)

Als eine C-17A der in Stewart beheimateten New York Air Guard weist sich diese Globemaster III beim Überflug des Fotografen aus. (Dalibor Ankovic DA Photography)

ANG
STEWART
91191

Ebenfalls in Stewart, im U.S.-Bundesstaat New York, ist die C-17A 96-0005 beheimatet. (Dalibor Ankovic DA Photography)

Der 167th Airlift Wing ist eine Einheit der West Virginia Air National Guard, dem die C-17A 96-0006 zugeteilt ist. Er hat seine Basis in Martinsburg, West Virginia. (Dalibor Ankovic DA Photography)

Die heißen Gase der vier Pratt & Whitney-Motoren, die das dahinter liegende Gebäude teils nur verschwommen erkennen lassen, vermitteln einen kleinen Eindruck von der Kraft der vier modernen Turbofans. (Dalibor Ankovic DA Photography)

McChord und Stewart sind die Heimatbasen dieser beiden, am 11. Dezember 2018 in Ramstein auf ihre Abfertigung wartenden C-17A. (Dalibor Ankovic DA Photography)

Die kleinen Shelter im Hintergrund der beiden C-17A dienen Kampfflugzeugen auf der Ramstein Air Base als sicherer Unterstand. (Dalibor Ankovic DA Photography)

Anchorage, die Heimatbasis dieser C-17A, muss nicht unbedingt das Ziel dieses Fluges sein. Vielmehr kommen die Transporter weltweit auf Transportmissionen zum Einsatz. (Dalibor Ankovic DA Photography)

Die Joint-Base Elmendorf-Richardson in Anchorage, der Alaska Air National Guard, ist Heimatbasis dieser C-17A des 176th und 3rd Wings. (Dalibor Ankovic DA Photography)

Ein Wolfskopf ziert die Hecks der in Anchorage beheimateten C-17A. (Dalibor Ankovic DA Photography)

Der Wolfskopf wurde am 1. Oktober 2018 im Rahmen einer feierlichen Zeremonie als offizielles Symbol auf den C-17A des 176th Wing 144th Airlift Squadron eingeführt. (Dalibor Ankovic DA Photography)

Eine am 4. Dezember 2018 gut gefüllte Rampe 5 der Ramstein Air Base. (Dalibor Ankovic DA Photography)

»Close-up« des Cockpits der C-17A 98-0057, kurz bevor sie sich zum Start auf Runway 26 in Ramstein positioniert. (Dalibor Ankovic DA Photography)

Elefantentreffen in Ramstein. Von hinten: KC-767, Lockheed C-5 und zwei C-17. (Dalibor Ankovic DA Photography)

AMC
DOVER
70035
Super Galaxy
AMC
McCHORD
33120

Ein afghanisches Kind schläft auf dem Frachtboden einer C-17 Globemaster III der US-Luftwaffe, warm gehalten von der Uniform eines C-17-Lademeisters, während eines Evakuierungsfluges aus Kabul, Afghanistan am 15. August 2021. (U.S. Air Force)

US Air Force Airmen, die dem 317th Airlift Squadron, 315th Airlift Wing, Joint Base Charleston, S.C., zugeteilt sind, unterstützen die Afghanistan-Luftbrückenoperation am 17. August 2021. Der 315th Airlift Wing schickte mehrere C-17 um in Kabul, Afghanistan zu helfen. (U.S. Air Force/Master Sgt. Donald R. Allen)

Eine C-17 Globemaster III der US-Luftwaffe evakuiert am 15. August 2021 823 afghanische Staatsbürger sicher vom Hamid Karzai International Airport in Kabul. Eine Flotte von Air National Guard, Air Force Reserve und C-17 Globemaster III verlegten zur Unterstützung des Verteidigungsministeriums Streitkräfte nach Afghanistan, um die sichere Ausreise und Umsiedlung von US-Bürgern und Empfängern eines speziellen Einwanderungsvisums zu gewährleisten sowie gefährdete afghanische Bevölkerungsgruppen aus dem Land zu bringen. (U.S. Air Force)

Staff Sgt. Vince Sarmiento, Luft- und Raumfahrtantriebsspezialist der 8th Expeditionary Airlift Squadron, führt am 17. Januar 2023 Wartungsarbeiten an einem C-17 Globemaster III-Triebwerk auf der Al Udeid Air Base, Katar, durch. Luft- und Raumfahrtantriebsspezialisten testen, warten und reparieren alle Teile des Triebwerks. (U.S. Air Force/Airman 1st Class Andrew Britten)

Senior Airman Grace Tupper, Crew Chief der 172. Wartungsgruppe, Jackson, Mississippi, inspiziert am 2. Juli 2022 ein C-17 Globemaster III-Triebwerk nach einem Luftbetankungstrainingseinsatz am Air Station Barber's Point, Hawaii. Das Bild verdeutlicht die nicht immer so augenscheinliche Größe der C-17. (U.S. Air National Guard/Staff Sgt. Jared Bounds)

Staff Sgt. Samuel Peoples, Luft- und Raumfahrttechniker der 911th Maintenance Squadron, schließt den Schubumkehrer-Lüfterkanal an einem C-17 Globemaster III-Triebwerk an der Pittsburgh International Airport Air Reserve Station, Pa., 15. Juli 2020. Luft- und Raumfahrttechniker führen eine Vielzahl von Aufgaben aus Sicherstellung der Einsatzbereitschaft von Flugzeugtriebwerken. (U.S. Air Force/Joshua J. Seybert)

Staff Sgt. Andre Rivera, Jet-Antriebstechniker der 911th Maintenance Squadron, inspiziert am 18. Mai 2020 ein C-17 Globemaster III-Triebwerk während einer Home Station Check-Inspektion an der Pittsburgh International Airport Air Reserve Station, Pa. (U.S. Air Force/ Joshua J. Seybert)

Sergeant John Thompson, Crew Chief der 911th Aircraft Maintenance Squadron, inspiziert am 27. Mai 2020 das Fahrwerk einer C-17 Globemaster III an der Pittsburgh International Airport Air Reserve Station, Pennsylvania. (U.S. Air Force/Joshua J. Seybert)

Staff Sgt. Brian Hicks überprüft den Zustand eines C-17 Globemaster III-Reifens während einer Routineinspektion am 19. Juni auf der March Air Reserve Base, Kalifornien. Sergeant Hicks ist ein Flugzeugmechaniker der 452nd Maintenance Squadron. (U.S. Air Force/Val Gempis)

Staff Sgt. Greg Thompson, ein Flugzeugmechaniker aus dem Aero Repair Shop auf der March Air Reserve Base, Kalifornien, verwendet eine Rad- und Reifenmontagevorrichtung und eine Drehmomentmaschine, um einen Reifen auf einem C-17 Globemaster III-Frachtflugzeugrad zu montieren. March ARB in Südkalifornien beherbergt die größte Luftmobilitäts-Einheit des Air Force Reserve Command. Es ist auch die Heimat von Einheiten der Army Reserve, der Navy Reserve, der Marine Corps Reserve und der Air National Guard. (U.S. Air Force/Val Gempis)

Ein Fahrzeug der 911th Maintenance Group schleppt am 4. Juni 2020 an der Pittsburgh International Airport Air Reserve Station, Pa., eine C-17 Globemaster III zum ersten Mal in den neuen Hangar 7 mit zwei Buchten. Die Wartungsarbeiten können nun in einer kontrollierten Umgebung sicher durchgeführt werden. (U.S. Air Force/Joshua J. Seybert)

Das 911. Wartungsgeschwader führt am 7. Juli 2020 an der Pittsburgh International Airport Air Reserve Station, Pa., eine Überprüfung einer C-17 Globemaster III durch. (U.S. Air Force/Joshua J. Seybert)

AIR FORCE
0001

Flieger laden Ausrüstung in eine C-17 Globemaster III, die Fracht und Flieger befördern wird, um die Operation Odyssey Dawn am 20. März 2011 auf der McConnell Air Force Base, Kan., zu unterstützen. (U.S. Air Force/Staff Sgt. Dallas Edwards)

Flieger des 48th Fighter Wing und Mitglieder des Heavy Airlift Wing, Papa Air Base, Ungarn, laden 19. März 2011 zur Unterstützung der Operation Odyssey Dawn auf der Royal Air Force Lakenheath, England, Ausrüstung auf eine C-17 Globemaster III. Die 48. FW bietet Allwetter-, Tag- und Nachtluftüberlegenheit und Luft-Boden-Präzisionskampffähigkeit sowie Kampfsuch- und Rettungsfähigkeiten. (U.S. Air Force/Airman Cory Payne)

Lademeister entladen am 23. März 2011 auf der Aviano Air Base, Italien, zur Unterstützung der Operation Odyssey Dawn einen Tankwagen von einer C-17 Globemaster III. (U.S. Army/ Army Staff Sgt. Tierney P. Wilson)

Fallschirmjäger des 2nd Infantry Brigade Combat Team, 11th Airborne Division, auch bekannt als Arctic Angels führen Luftoperationen in der Abwurfzone Malemute durch, nachdem sie aus einer C-17 Globemaster III der Air Force auf der Joint Base Elmendorf-Richardson, Alaska, am 24. Februar 2022 abgesprungen sind. Trainingssprünge ermöglichen es den Arctic Angels ihre Hauptaufgabe zu erfüllen – Militärische Einsätze innerhalb von 18 Stunden im Pazikik raum durchzuführen. (U.S. Air Force/ Senior Airman Patrick Sullivan)

Fallschirmjäger des 4th Infantry Brigade Combat Team (Airborne), 25th Infantry Division, US Army Alaska, springen am 22. Mai 2018 aus einer C-17 Globemaster III aus der Joint Base Lewis-McCord, Washington, während des Flugtrainings über der Malemute Drop Zone. Die Soldaten der 4/25 gehören zur einzigen amerikanischen Luftlandebrigade im Pazifik und sind darauf trainiert, Luftmanöver bei extrem kaltem Wetter und in Höhenlagen zur Kampfunterstützung durchzuführen. (U.S. Air Force/ Alejandro Peña)

Staff Sgt. Danny Hollister und Senior Master Sgt. Chuck Brown sammeln die Reißleinen, nachdem die letzten drei Jumpmaster das Flugzeug am 13. Januar 2011 über der Andersen Air Force Base, Guam, während des Sprungtrainings mit Reißleinen verlassen haben. Die Jumpmaster waren von der 36. Contingency Response Group in Andersen. Die Besatzung der C-17 Globemaster III stammte von der Joint Base Pearl Harbor-Hickam, Hawaii. Die Sergeants Hollister und Brown sind Lademeister der 535th Airlift Squadron auf Hawaii. (U.S. Air Force/Staff Sgt. Mike Meares)

Ein HH-60G Pave Hawk wird in Vorbereitung auf die Ankunft des Hurrikans Ian auf der Patrick Space Force Base, Florida, am 26. September 2022 in eine C-17 Globemaster geladen. (U.S. Air Force/Master. Sgt. Kelly Goonan)

Die 748th Aircraft Maintenance Squadron entlädt am 19. September 2013 bei der Royal Air Force Mildenhall, Vereinigtes Königreich, einen von zwei HH-60G Pave Hawk-Hubschrauber aus einer C-17 Globemaster III. (U.S. Air Forc/Airman 1st Class Dana J. Butler)

Die 757th Aircraft Maintenance Squadron lädt hier einen HH-60 Pave Hawk-Hubschrauber an Bord einer C-17 Globemaster III für den Transport zu einem vorgeschobenen Einsatzort. (U.S. Air Force/ Airman 1st Class Brian P. Ferguson)

Wartungstruppen der 57th Aircraft Maintenance Squadron Nellis Air Force Base, Nevada, entladen eine HH-60G Pave Hawk von der C-17 Globemaster III. Der Hubschrauber wurde zur Unterstützung der Operation Iraqi Freedom von einem unbekannten Ort zurückgebracht. (U.S. Air Force/Airman Chrissy Sczepanski)

Flieger und Marines laden am 20. August 2010 auf der Marine Corps Air Station Cherry Point, N.C. einen CH-53E Super Stallion in eine C-17 Globemaster III der Joint Base Charleston, S.C., ein. Der Hubschrauber ist einer von vier, die zur Ergänzung der Rettungs- und Hilfsmaßnahmen des US-Militärs in den von Überschwemmungen betroffenen Gebieten Pakistans eingesetzt wurden. (U.S. Air Force/Staff Sgt. Kamaile O. Long)

Sergeant Jose Gonzalez hilft bei der Vorbereitung einer C-17 Globemaster III vor einer Airdrop-Mission am 13. August 2010 auf einem Luftwaffenstützpunkt in Südwestasien. Sergeant Gonzalez ist bei der 8. Expeditionary Air Mobility Squadron. (U.S. Air Force/Staff Sgt. Tim Jenkins)

Bodenpersonal lädt hier auf der Ramstein Air Base einen 66 Tonnen schweren Abrams-Panzer auf eine C-17 Globemaster III. Das Flugzeug des 17. Luftbrückengeschwaders auf der Charleston Air Force Base, S.C., lieferte den Hauptkampfpanzer der Armee an einen Luftwaffenstützpunkt der Operation Iraqi Freedom im Nordirak. (U.S. Air Force/Master Sgt. Keith Reed)

7TH ARMY

Strykers des 2. Kavallerieregiments bereiten sich am 4. September 2014 auf der Ramstein Air Base, Deutschland, darauf vor, zur Unterstützung der NATO-Übung Steadfast Javelin II in eine C-17 Globemaster III zur geladen zu werden. (U.S. Air Force/Senior Airman Damon Kasberg)

Mehr als 2.000 Soldaten nahmen an Steadfast Javelin II teil. Die Übung fand in Estland, Deutschland, Lettland, Litauen und Polen statt. Sie konzentrierte sich auf die Verbesserung der Interoperabilität und die Synchronisierung komplexer Operationen zwischen alliierten Luft- und Bodentruppen durch Luft- und Luftangriffsmissionen. (U.S. Air Force/Senior Airman Damon Kasberg)

Lademeister des 7. Lufttransportgeschwaders laden einen Stryker des 2. Kavallerie-Regiments in eine C-17 Globemaster III. (U.S. Air Force/ Senior Airman Damon Kasberg)

Marines gehen auf dem Weg nach Afghanistan am 2. April 2010 innerhalb des Transitzentrums in Manas, Kirgisistan, auf eine C-17 Globemaster III. Die Marines sind vom 7. Engineer Support Battalion, Marine Corps Base Camp Pendleton, Kalifornien (U.S. Air Force/Senior Airman Nichelle Anderson)

Tausende von Marinesoldaten, Flieger und Koalitionstruppen zogen hier jeden Monat durch, um die Operation Enduring Freedom zu unterstützen. Im März 2010 beförderten die Flieger des 376. Expeditionary Logistics Readiness Squadron 50.000 multinationale, US- und Koalitionstruppen. Die Marines sind vom 7. Engineer Support Battalion, Marine Corps Base Camp Pendleton, Kalifornien. (U.S. Air Force/Senior Airman Nichelle Anderson)

Mitglieder des aeromedizinischen Evakuierungsteams und Freiwillige der Ramstein Air Base, Deutschland, tragen einen Patienten, der vom Landstuhl Regional Medical Center für einen C-17 Globemaster III-Flug am 29. April 2011 zur Joint Base Andrews, Md., verlegt wird, um im Army Medical Center in Washington, D.C. Walter Reed versorgt zu werden. (DoD/Donna Miles)

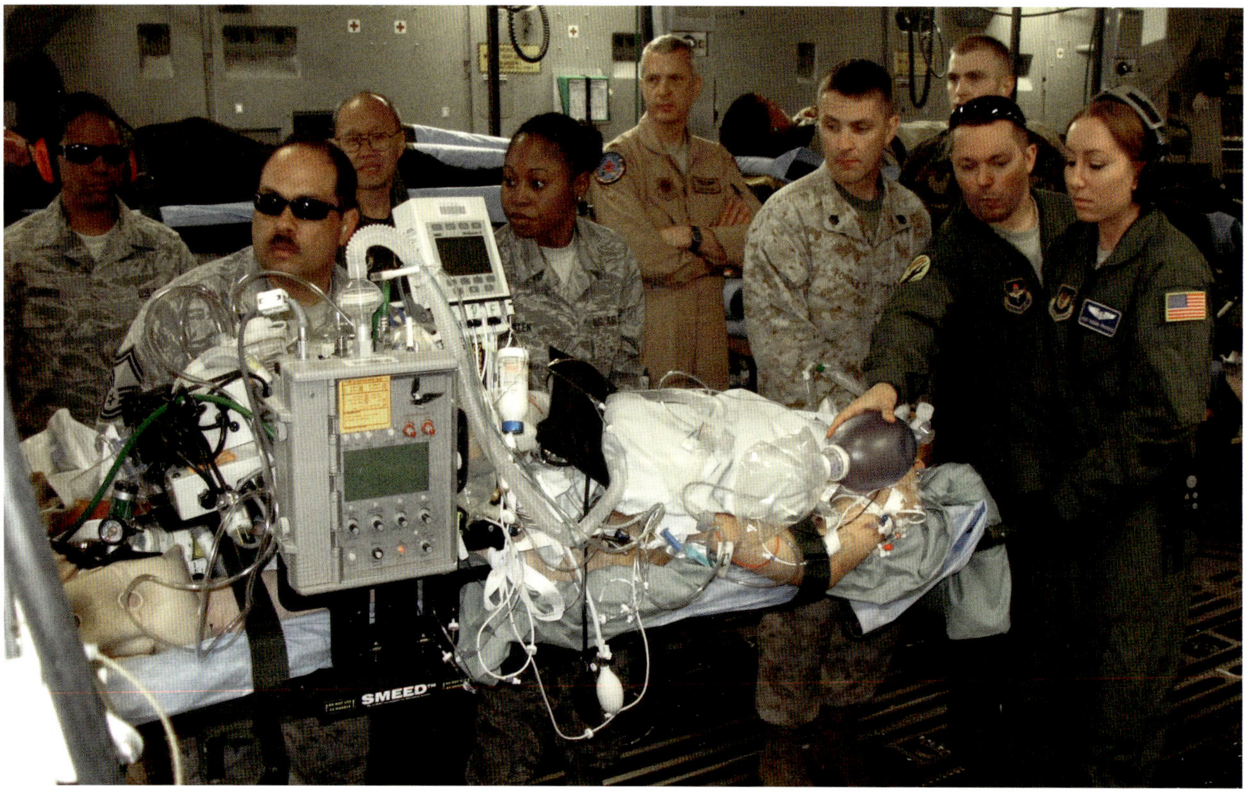

Mitglieder des aeromedizinischen Evakuierungsteams und Freiwillige auf der Ramstein Air Base, Deutschland, positionieren einen schwer verwundeten Soldaten für einen Flug am 29. April 2011 an Bord einer C-17 Globemaster III zur Joint Base Andrews, Md. (DoD/Donna Miles)

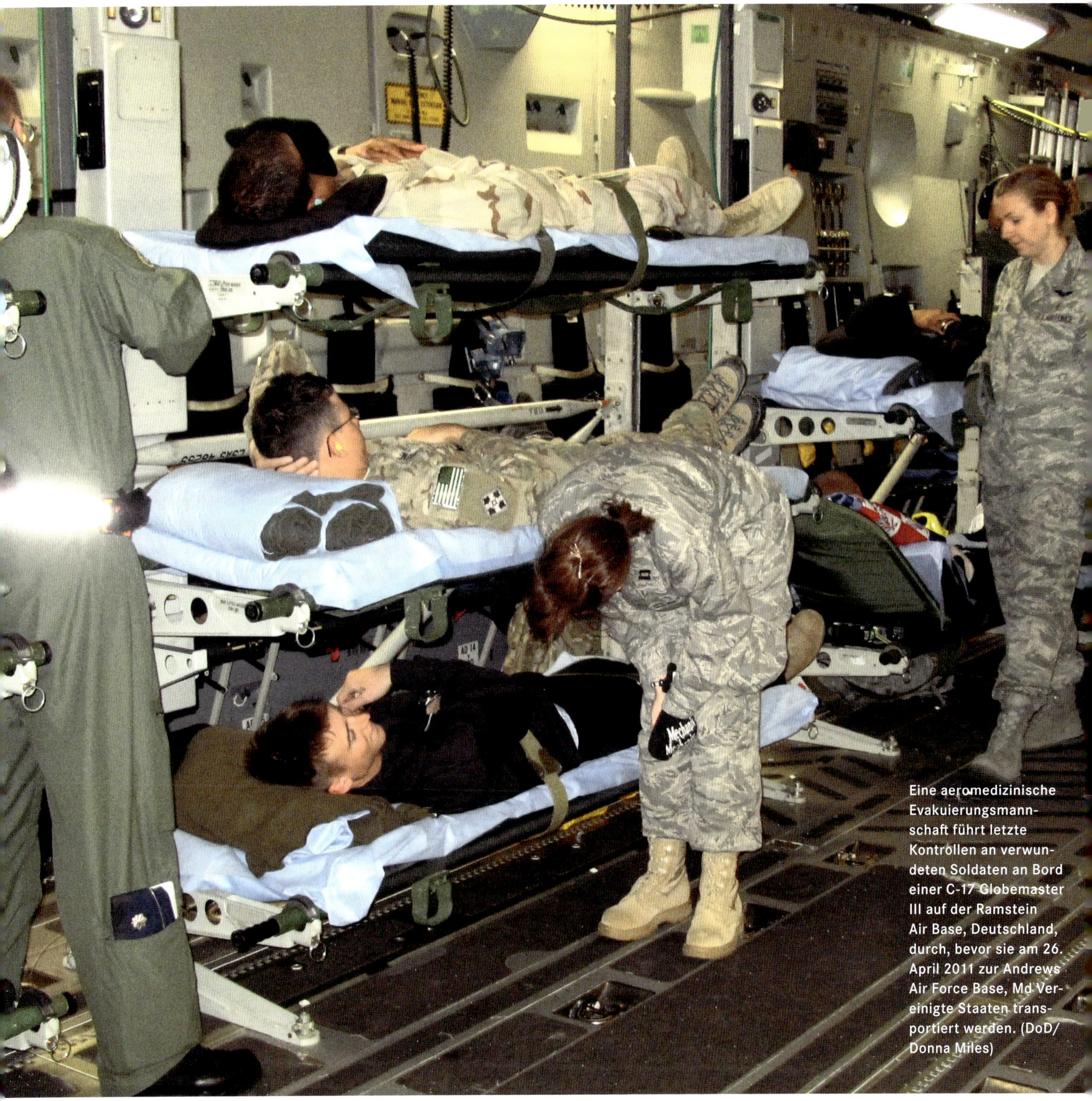

Eine aeromedizinische Evakuierungsmannschaft führt letzte Kontrollen an verwundeten Soldaten an Bord einer C-17 Globemaster III auf der Ramstein Air Base, Deutschland, durch, bevor sie am 26. April 2011 zur Andrews Air Force Base, Md Vereinigte Staaten transportiert werden. (DoD/ Donna Miles)

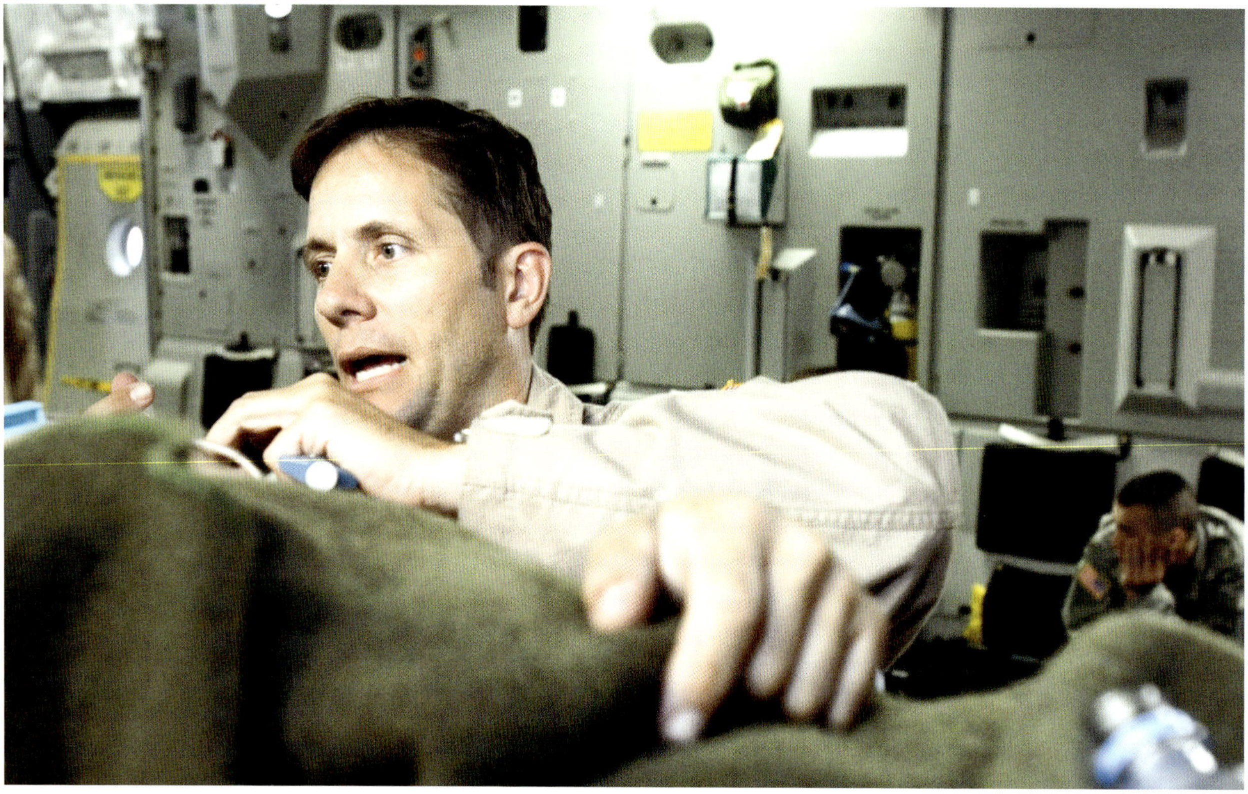

First Lt. John Rinaldo verabreicht Medikamente während einer flugmedizinischen Evakuierungsmission an Bord einer C-17 Globemaster III. Leutnant Rinaldo ist Flugkrankenpfleger und dient vorübergehend beim 791st Expeditionary Aeromedical Evacuation Squadron auf der Ramstein Air Base, Deutschland. (U.S. Air Force/Master Sgt. John E. Lasky)

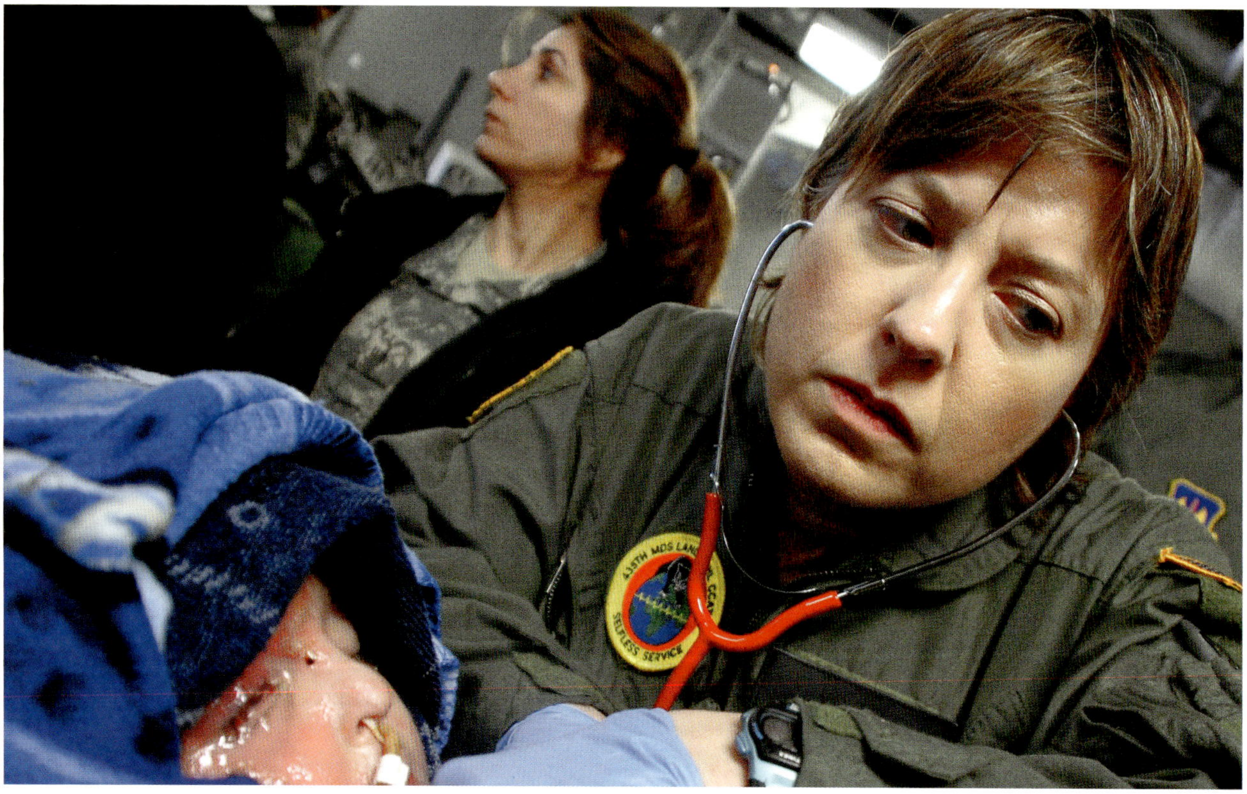

Navy Lt.Cmdr. (Dr.) Michelle Perello überprüft die Vitalfunktionen eines irakischen Jungen an Bord einer C-17 Globemaster III. Der Junge ist auf dem Weg von der Balad Air Base im Irak zu einem Kinderkrankenhaus in Cincinnati. Der Flug hielt in Ramstein, wo Dr. Perello sich um den Jungen kümmerte. (U.S. Air Force)

First Lt. Joh[illegible] verfasst d[illegible]n-bericht ei[illegible]enten nach A[illegible]ss einer flugm[illegible]nischen Eva-ku[illegible]ngsmission auf [illegible]er C-17 Globemaster [illegible]. (U.S. Air Force/ Master Sgt. John E. Lasky)

Staff Sgt. Marcos Ohler, Lademeister der 816th Expeditionary Airlift Squadron, und U.S. Army Staff Sgt. Michael Sharp, 824th Quartermaster Company Detachment 8 bereiten am 9. Januar 2010 auf einem Luftwaffenstützpunkt in Südwestasien in einer C-17 Globemaster III Fallschirme vor. Die Flugzeugbesatzung wird die Versorgungscontainer über einer Landezone in Afghanistan abwerfen, um die US-Bodentruppen zu unterstützen. (U.S. Air Force/ Staff Sgt. Angelita Lawrence)

Senior Airman Albert Taylor, Lademeister der 816th Expeditionary Airlift Squadron, sichert am 9. Januar 2010 an Bord einer C-17 Globemaster III ein Versorgungscontainer, während Tech. Sergeant Todd O' Bryant, ein Airdrop-Inspektor der 816. EAS, die Pakete inspiziert. Die CDS-Container werden aus der Luft abgeworfen, um die US-Streitkräfte in Afghanistan am Boden zu unterstützen. (U.S. Air Force/Staff Sgt. Angelita Lawrence)

Die Fallschirme blähen sich auf, nachdem die Versorgungscontainer von der Rampe einer C-17 Globemaster III gerutscht sind. Die Pakete enthalten Vorräte wie Treibstoff, Lebensmittel und Wasser, die von US-Bodentruppen benötigt werden. (U.S. Air Force/ Staff Sgt. Angelita Lawrence)

Die Versorgungscontainer schweben am 9. Januar 2010 in Richtung einer Abwurfzone in Afghanistan ab. (U.S. Air Forc/Staff Sgt. Angelita Lawrence)

Servicemitglieder beladen am 23. September 2009 auf einem Luftwaffenstützpunkt in Südwestasien eine C-17 Globemaster III mit Versorgungscontainer. (U.S. Air Force/Staff Sgt. Angelita Lawrence)

Ein Lademeister des 816th Expeditionary Airlift Squadron wartet am 23. September 2009 an Bord einer aus einer C-17 Globemaster III auf das Signal zur Freigabe und zum Abwurf der Versorgungscontainer. (U.S. Air Force/Staff Sgt. Angelita Lawrence)

Die Vorräte werden über einer Marines-Basis in Afghanistan abgeworfen. (U.S. Air Force/ Staff Sgt. Angelita Lawrence)

Die Versorgungcontainer schweben außerhalb einer vorgeschobenen Operationsbasis in Afghanistan zu Boden. Mehr als 4,1 Millionen Pfund Vorräte wurden im September von der Air Force abgeworfen. (U.S. Air Force/Staff Sgt. Shawn Weismiller)

Auf der Dover Air Force Base, Del., steuern Arbeiter ein M88A2 Bergepanzer (Heavy Equipment Recovery Combat Utility Lift and Evacuation System oder HERCULES) auf die Rampe einer C-17 Globemaster III. Der HERCULES dient zur Bergung funktionsunfähiger Panzer und bietet dabei Schutz vor Kleinwaffenbeschuss. (U.S. Air Force/Jason Minto)

Flieger der 452nd Air Mobility Wing und Marines von der 1st Marine Expeditionary Force aus Camp Pendleton, Kalifornien, laden am 27. April 2022 auf der March Air Reserve Base, Kalifornien, M 777155-mm-Haubitzen auf eine C-17 Globemaster III. Die Waffensysteme sind Teil der Sicherheitsunterstützung, die die USA für Kriegsoperationen in Osteuropa bereitstellen. (U.S. Air Force/Staff Sgt. Shawn White)

Flieger von dem 8. Luftbrückengeschwader und der 41. Expeditionary Rescue Squadron entladen auf dem Flugplatz Bagram, Afghanistan, am 27. Mai 2015 eine HH-60G Pave Hawk aus einer C-17 Globemaster III. Frachtflugzeuge der Luftwaffe hatten durchgehend 19.900 Tonnen Fracht in diesem Jahr nach Afghanistan geliefert. (U.S. Air Force/Tech. Sgt. Joseph Swafford)

Flieger beladen auf der Ali Al Salem Air Base, Kuwait, am 16. Mai 2021 eine C-17 Globemaster III. Die C-17 transportierte Soldaten und Fracht zur Unterstützung einer Combined Joint Task Force-Operation Inherent Resolve Mission. (U.S. Air Force/ Senior Airman Taryn Butler)

Marines mit der 24th Marine Expeditionary Unit laden am 16. März drei AH-1W Super Cobra Hubschrauber auf eine Air Force C-17 Globemaster III auf der Manas Air Base, Kirgisistan. Die Marines werden als Teil der NATO-International Security Assistance Force nach Afghanistan geleitet. (U.S. Air Force/Lt. Col. Adriane Craig)

Marines der 24th Marine Expeditionary Unit laden am 16. März 2021 drei AH-1W Super Cobra Hubschrauber in eine Air Force C-17 Globemaster III der Manas Air Base, Kirgisistan. (U.S. Air Force/ Senior Airman Tabitha Kuykendall)

Die Marines sind auf dem Weg nach Afghanistan als Teil der vom US-Präsidenten im Januar genehmigten Truppenaufstockung. Die Marines werden Teil der NATO-International Security Assistance Force sein und Operationen durchführen, um die Autorität der Regierung der Islamischen Republik Afghanistan zu erweitern. (U.S. Air Force/Senior Airman Tabitha Kuykendall)

Eine C-17 Globemaster III führt durch den Start von Fackeln am 17. März 2014 im Joint Readiness Training Center, Fort Polk, ausweichende Gegenmaßnahmen vor feindlichem Beschuss durch. (U.S. Air Force/ Master Sgt. John R. Nimmo Sr.)

Flieger der US-Luftwaffe und Soldaten der US-Armee steigen am 14. Juni 2010 an Bord einer C-17 Globemaster III auf der Ramstein Air Base, Deutschland, für einen Luftsprung. Fünf NATO-Staaten nahmen an der jährlichen Veranstaltung teil, um eine der US-Luftstreitkräfte in Europas obersten Prioritäten zu unterstützen, dem Aufbau von Partnerschaften. (U.S. Air Force/Airman 1st Class Grovert Fuentes-Contreras)

Flieger der US-Luftwaffe und norwegische Soldaten bereiten sich darauf vor, am 15. Juni 2010 einen Luftsprung von einer C-17 Globemaster III über Alzey, Deutschland, auszuführen. (U.S. Air Force/Airman 1st Class Grovert Fuentes-Contreras)

Oberst Timothy Brown, Kommandant der 435. Contingency Response Group, führt am 14. Juni 2010 einen Luftsprung aus einer C-17 Globemaster III über die Abwurfzone in Alzey, Deutschland, durch. Colonel Brown ist der Kommandeur der 435. Contingency Response Group. (U.S. Air Force/ Airman 1st Class Grovert Fuentes-Contreras)

C-17-Crews machen einen Rekordabwurf. Sergeant Marvin Mosley überprüft eines der Tore, die die Bündel sichern, bevor er sie am über Afghanistan abwirft. Zweiundsechzig Frachtbündel wurden von zwei C-17 in einer Abwurfzone abgeworfen. Dies war das erste Mal, dass ein Kampffrachtabwurf dieser Größenordnung von zwei C-17 in Formation stattfand. (U.S. Air Force/Staff Sgt. Brian Ferguson)

Sergeant Marvin Mosley lässt eine sog. Dropsond von der Hintertür einer C-17 Globemaster III über Afghanistan ab. Die Dropsond ist so konzipiert, dass sie Informationen wie Windgeschwindigkeit und Höhe an einen Computer an Bord des Flugzeugs weiterleitet, damit das Precision Air Drop System den besten Abwurfpunkt berechnen kann. (U.S. Air Force/Staff Sgt. Brian Ferguson)

Armee Spc. Joshua Black (links) befestigt auf der Bagram Air Base, Afghanistan, eine von 62 Fallschirm-Reißleinen an der statischen Leine einer C-17 Globemaster III, während Besatzungsmitglieder weiterhin Frachtpaletten laden. (U.S. Air Force/Staff Sgt. Brian Ferguson)

Beim ersten Durchgang werden 16 Paletten von der führenden C-17 Globemaster III in der Abwurfzone abgeworfen. (U.S. Air Force/Staff Sgt. Brian Ferguson)

Während 16 Bündel der führenden C-17 Globemaster III zu Boden driften, wirft eine zweite C-17 am 11. Oktober weitere Bündel in eine Abwurfzone. Insgesamt 62 Frachtbündel wurden in zwei Durchgängen von zwei C-17 abgeworfen. (U.S. Air Force/Staff Sgt. Brian Ferguson)

Eine C-17 Globemaster III wirft Frachtbündel nur wenige hundert Fuß über einem anderen Set ab, das zu Koalitionstruppen hinunterschwebt, die während eines Kampffrachtabwurfs in der Provinz Paktika, Afghanistan, warten, um die Operation Enduring Freedom zu unterstützen. (U.S. Army/SPC. Micah E. Clare)

Fallschirmjäger des 782nd Brigade Support Battalion, 4th Brigade Combat Team, 82nd Airborne Division beobachten, wie C-17 Globemaster IIIs Air Drop Combat Cargo Bundles mit Nahrung und Wasser in der Provinz Paktika, Afghanistan abwerfen. (U.S. Army/ SPC. Micah E Klara)

Eine C-17 Globemaster III von der Joint Base Lewis-McChord, Washington, erhält am 12. November 2015 über dem Bundesstaat Washington Treibstoff von einem KC-135 Stratotanker des 92nd Air Refueling Wing. (U.S. Air Force/Airman 1st Class Taylor Bourgeous)

Draufsicht auf einen Mehrzwecktanker KC-30A der Royal Australian Air Force, der am 10. Februar 2016 mit einer US Air Force C-17 Globemaster III vom 418th Flight Test Squadron auf der Edwards Air Force Base, Kalifornien, verbunden ist. (U.S. Air Force/Christian Turner)

Ein KC-135 Stratotanker trennt sich nach Abschluss der Betankungsmission am 8. Dezember über Tampa, Florida, von einer C-17 Globemaster III. Eine Betankungsmission wurde durchgeführt, um die Mission des 927th Air Refueling Wing zivilen Arbeitgebern zu präsentieren. (U.S. Air Force/Senior Airman Alexis Suarez)

Capt. Thomas Beltz, C-17 Globemaster III-Pilot der 514th Air Mobility Wing, überwacht am 10.02.2018 die Betankung seiner Maschine über dem Atlantischen Ozean durch eine KC-10 Extender. (U.S. Air Force/Master Sgt. Mark C. Olsen)

Eine KC-46A Pegasus betankt eine C-17 Globemaster III während eines Testfluges am 12. Juli 2016. Die erfolgreiche Mission testete die auf dem KC-46A installierten hydraulischen Druckentlastungsventile, um zu hohe axiale Belastungen im Ausleger zu korrigieren. (Boeing/Paul Weatherman)

USAF
AMC
McCHORD
60001

Der technische Sgt. Bradley Ferda schließt sich Freiwilligen der Feuerwehr von Kigali und Soldaten der ruandischen Verteidigungskräfte an, um Wassertanks und Militärfahrzeuge zu waschen. Sie sollen in der Region Darfur im Sudan im Rahmen der Friedensmission der Vereinten Nationen und der Afrikanischen Union zum Einsatz kommen. Die Hilfsgüter wurden mit der C-17 Globemaster III der Air Force transportiert. (U.S. Air Force/Staff Sgt. Samuel Bendet)

Technischer Sgt. Sean Arnold führt Fahrzeuge der ruandische Verteidigungsstreitkräfte am Kigali International Airport in Ruanda an Bord einer C-17 Globemaster III. Dies ist die erste Ladung von insgesamt fünf Luftbrücken zur Mission der Vereinten Nationen und der Afrikanischen Union in Darfur. (U.S. Air Force/Staff Sgt. Samuel Bendet)

UN
UNAMID 23339
UNAMID 23452

C-17 Globemaster III-Flugzeuge des 911th Airlift Wing stehen auf der Flightline der Pittsburgh International Airport Air Reserve Station, Pa., 29. April 2020 bereit. Die C-17 ist in der Lage, alle Arten von Truppen schnell strategisch zu transportieren, Fracht zu den Hauptstützpunkten oder direkt zu den Vorposten im Einsatzgebiet zu bringen. (U.S. Air Force/Joshua J. Seybert)

U.S. AIR FORCE
0180
USAF
AIR FORCE
0601
USAF

Eine C17 trifft am 17.8.2022 vor der Übung Pitch Black 2022 auf der RAAF Base Darwin ein. Bei der von der Royal Australian Air Force (RAAF) veranstalteten Übung trainierten 100 Flugzeuge und 2.500 Mitarbeiter aus 17 Nationen drei Wochen lang zusammen. Die alle zwei Jahre stattfindende große Einsatzübung wurde hauptsächlich von den RAAF-Stützpunkten Darwin und Tindal aus durchgeführt. Weitere Teilnehmer der Übung waren die Streitkräfte von Japan, der Republik Korea und Singapur. (Crown, 2022)

Royal Air Force

Mitarbeiter des 904 Expeditionary Air Wing und der Joint Force Support Unit auf dem Kandahar Air Field in Afghanistan reisen mit einem C17 Globemaster-Flugzeug der Royal Air Force zurück nach Großbritannien. Seit der Schließung von Camp Bastion im Oktober verließ das britische Militär den Einsatzort, da die Operation Herrick zu Ende ging und die Alliierten die Sicherheit des Landes vollständig an die afghanischen Streitkräfte übergaben. (Crown, 2021)

Das Personal der Joint Movements Unit (JMU) arbeitet langsam und sorgfältig daran, einen Sea King-Hubschrauber der Royal Navy auf eine C-17 Globemaster III der RAF zu laden, das nach Großbritannien zurückgeschickt werden soll. Mit dem Ende der Operation Herrick wurde der Sea King in Afghanistan nicht mehr benötigt. Die Sea King passt sehr gut in den Frachtraum der C17 und erfordert eine sehr langsame und präzise Beladung, um sicherzustellen, dass keines der Flugzeuge beschädigt wird. (Crown, 2014)

Zwei Puma-Unterstützungshubschrauber der Royal Air Force von RAF Benson wurden im August 2018 auf eine C-17 Globemaster geladen und auf EX SAIF SAREEA eingesetzt. Während EX SAIF SAREEA arbeiteten die Pumas, bemannt von 230 Sqn RAF Benson, Seite an Seite mit der Royal Navy, der britischen Armee und anderen Elementen der Royal Air Force im Oman und im weiteren Nahen Osten. (Crown, 2020)

Der erste der neuen Apache AH-64E Version 6-Hubschrauber der britischen Armee wird von einer Boeing C-17 Globemaster III auf dem RAF Stützpunkt Brize Norton abgeladen. Der Hubschrauber wurde aus Kansas City eingeflogen. Die fortschrittlichste Variante des Apache, die AH-64E Version 6, wurde von der US-Regierung im Rahmen des Apache Capability Sustainment Program (CSP) beschafft, um die Fähigkeiten der Kampfhubschrauber der britischen Armee zu modernisieren. (Crown, 2020)

Das von Boeing hergestellte E-Modell verfügt nicht nur über eine größere Auftriebskapazität und Reichweite mit seinen stärkeren Triebwerken und verbesserten Getrieben und Rotorblättern, sondern auch über verbesserte Datenverbindungen, Sensoren, Avionik und Nachtbetriebsfähigkeiten, die es ihm ermöglichen, Gegner aus größerer Entfernung zu identifizieren und anzugreifen, bei fast jedem Wetter, Tag und Nacht. Der AH-64E ist außerdem mit einer 30-mm-Kanone, Hellfire-Raketen und einem verbesserten Hydra-Luftraketensystem ausgestattet. (Crown, 2020)

Der AH-64E ist außerdem mit einer 30-mm-Kanone, Hellfire-Raketen und einem verbesserten Hydra-Luftraketensystem ausgestattet. Der zweimotorige Apache, der vom Army Air Corps geflogen wird und eine entscheidende Komponente der 1. Luftfahrtbrigade bildet, ist eine Luftwaffenplattform mit Tandemsitzen, die für eine Vielzahl von Missionen entwickelt wurde. Nach der technischen Abnahme und der Schulung der Besatzung wird es die kampferprobte Mark 1 ersetzen, die 2024 ihr Außerdienststellungsdatum erreicht. (Crown, 2020)

Ein Puma HC2 der 33 Sqn (stationiert bei RAF Benson) wird in Kabul auf eine RAF C-17 der 99 Sqn geladen. (Crown, 2021)

Die Beladung nimmt viel Zeit in Anspruch, da der Hubschrauber sorgfältig im Bauch der Globemaster positioniert wird. Die C-17 wird ihn zurück zur RAF Brize Norton bringen, bevor er zu seinem Heimatort RAF Benson weiterfliegt. (Crown, 2021)

Operation Toral ist der Name der britischen Streitkräfte in Afghanistan nach 2014 (Operation Herrick) als Teil der Resolute Support Mission der NATO. Die britischen Streitkräfte hatten zwei Hauptaufgaben: die Ausbildung und Betreuung der afghanischen Streitkräfte und die Bereitstellung von Truppenschutz für NATO-Berater über die Kabul Security Force/ Kabul Protection Unit. (Crown, 2021)

Ein Mk 6 RAF Chinook-Hubschrauber ist am 2.8.2021 in einer C-17 der RAF verzurrt, während die Besatzung und die Umzugshelfer mit dem Entladen beginnen. Der Mehrzweckhubschrauber der RAF wurde bei RAF Brize Norton in Großbritannien in die C-17 geladen, bevor er seinen Direktflug nach RAFO Musannah im Oman unternahm. Zu dem Flugzeug gesellten sich zwei weitere RAF-Chinooks, die dann von RAF-Ingenieuren auf der RAFO Musannah Air Base zusammengebaut wurden. Sobald sie bereit waren, flogen sie nach Ost-Oman zum Konvoi-Unterstützungszentrum, wo sie von Anfang bis Ende zur Unterstutzung der Übung Saif Sareea 3 operierten. Übung Saif Sareea brachte 5.500 britische Streitkräfte mit über 60.000 omanischen Truppen in der bilateralen Trainingsübung in der omanischen Wüste zusammen. (Crown, 2021)

Eine C-17A des Strategic Air Command Heavy Lift Wing der USAF verlässt PFOD Gao. Unter ihr befindet sich eine AS532 Cougar der Groupement Tactique Desert de l'Air (GTD-A), Goa Mali. Das Vereinigte Königreich unterstützt UN-Friedensmissionen auf der ganzen Welt, einschließlich Mali. Hier hat das Vereinigte Königreich 300 Soldaten für MINUSMA, die UN-Friedensmission, stationiert, was es der UN ermöglicht, Operationen besser zu planen und Bedrohungen abzuwehren oder auf sie zu reagieren. (Crown, 2021)

SAC
PÁPA
01

Mitarbeiter der britischen Streitkräfte am 20.8.2021 am Flughafen Kabul bemühen sich um die sichere Evakuierung derjenigen Afghanen, die im Rahmen der afghanischen Umsiedlungs- und Unterstützungsrichtlinie (ARAP) für eine Umsiedlung in das Vereinigte Königreich in Frage kommen. Das Unternehmen trägt den Namen Operation PITTING. (Crown, 2021)

Britische Streitkräfte der 16. Luftangriffsbrigade sind am 15.8.2021 in der afghanischen Hauptstadt Kabul eingetroffen, um bei der Evakuierung britischer Staatsangehöriger und berechtigter Personen im Rahmen der Operation PITTING inmitten der sich verschlechternden Sicherheitslage zu helfen. (Crown, 2021)

Eine RAF C-17A Globemaster III der 99 Squadron landet am 29. August 2021 auf dem Stützpunkt Brize Norton. Das Flugzeug verließ Kabul auf einem der letzten Flüge der Royal Air Force aus Afghanistan, da die militärische Beteiligung Großbritanniens an Evakuierungen aus Kabul beendet war. (Crown, 2021)

Die letzten verbleibenden Flugzeuge sind nun im Rahmen der militärischen Unterstützung des Vereinigten Königreichs für OP PITTING nach Großbritannien zurückgekehrt. (Crown, 2021)

im Rahmen der Operation PITTING luden britische Streitkräfte der 16. Luftangriffsbrigade am 15.8.2021 in der afghanischen Hauptstadt Kabul einen britischen AH-64 Apache Kampfhubschrauber aus. (Crown, 2021)

ZZ177
DANGER

(Crown, 2021)

Der erste Mann springt am 10.5. 2022 aus einer C-17 Globemaster während eines HALO-Sprungs (High Altitude Low Opening) aus 18.000 Fuß Höhe über Nordmazedonien ab. Pathfinders, die Speerspitze der globalen Eingreiftruppe der britischen Armee, haben bei der Übung Swift Response die Aufgabe, feindliche Stellungen auszukundschaften und Abwurfzonen für die Haupteinheit britischer, italienischer und französischer Fallschirmjäger zu markieren. Bei der Übung arbeiten mehr als 3.500 Soldaten aus acht NATO-Staaten zusammen. (Crown, 2022)

Eine A400M ATLAS- (links) und eine C-17, fliegen am 02.06.2022 über London, um an den Feierlichkeiten zum Platinjubiläum der Queen, teilzunehmen. Mehr als 1.400 Soldaten und 250 Pferde der Household Division der britischen Armee nahmen vor 7.500 Zuschauern mit Eintrittskarten bei der Horse Guards Parade und weiteren 7.000 Zuschauern am Queen Victoria Memorial in London am Trooping of the Colour teil. (Crown, 2022)

Ein Blick aus der C17 der 99 Squadron zeigt die etwas kleinere voran fliegende A400M von unten. Die A400M trägt den Rufzeichen GRIZZLY. Der Vorbeiflug bestand aus über 70 Flugzeugen, um das 70. Jahr Ihrer Majestät auf dem Thron zu unterstützen. (Crown, 2022)

Zu den Teilnehmern des Kronjubiläums gehörten außer der A400M Atlas und der C17 Globemaster noch Wildcat, Puma, Chinook, Texan, Phenom, Hawk T2, P8 Poseidon, Rivet Joint, Hercules, und Typhoon. Die Maschinen flogen auch über das Royal Air Force College der RAF Cranwell in Lincolnshire. (Crown, 2022)

Am 11. Februar 2023 wurde ein FSCO-Feldkrankenhaus auf eine RAF C-17 (RR6680) verladen, um die Erdbebenhilfe in der Türkei zu unterstützen. Medizinisches Personal (sowohl zivil als auch militärisch) war ebenfalls an Bord, um die betroffene Bevölkerung zu unterstützen. (Crown, 2023)

Das in Colchester ansässige 16 Medical Regiment flog am 13.2.2023 mit Unterstützung von Personal des Tactical Medical Wing der RAF nach Turkoglu, nahe dem Epizentrum des Erdbebens, um eine medizinische Behandlungseinrichtung aufzubauen. Es bietet chirurgische Kapazitäten mit zwei Intensivbetten, 16 Betten mit geringer Pflegebedürftigkeit, zwei von Hausärzten geleiteten Teams für die primäre Gesundheitsversorgung und einer Feldkrankenschwester für psychische Gesundheit. (Crown, 2023)

Truppen und Ausrüstung am 13.2.2023 an Bord der C-17 auf dem Weg in die Erdbebenregion. Bei eisigen Temperaturen wurde die Einrichtung eingerichtet und behandelte Patienten innerhalb weniger Stunden nach dem Eintreffen der Truppen in der Türkei. Die Hauptaufgabe des 16 Medical Regiment besteht darin, das 16 Air Assault Brigade Combat Team, die globale Eingreiftruppe der britischen Armee, medizinisch zu unterstützen. Es ist für den Einsatz per Fallschirm, Hubschrauber oder Luftlandung ausgebildet und ausgerüstet. (Crown, 2023)

Anhang

Meilensteine der Boeing C-17 Globemaster III

Datum	Ereignis
15. Oktober 1980	Die US Air Force veröffentlicht eine Angebotsanforderung für ein C-X genanntes Transportflugzeug.
29. August 1981	Das McDonnell Douglas Model D-9000 wird als Gewinner des Wettbewerbs ausgewählt.
23. Juli 1982	Ein Low-Level-Entwicklungsvertrag wird an McDonnell Douglas vergeben.
31. Dezember 1985	Der vollumfängliche C-17 Engineering-Entwicklungsauftrag wird an McDonnell Douglas vergeben.
2. November 1987	Die ersten einzelnen C-17-Komponenten entstehen.
24. Oktober 1988	Die ersten C-17-Bauteile werden zusammengebaut.
15. September 1991	Erstflug und Auslieferung einer C-17A (Prototyp T-1)
3. Oktober 1991	Die T-1 kehrt zu McDonnell Douglas für weitere Tests zurück.
17. Oktober 1991	Erste Landung mit voll ausgefahrener Schubumkehr und erster Flug mit Niedriggeschwindigkeit bei voll ausgefahrenen Landeklappen (T-1)
22. November 1991	Erster Triebwerkstart im Flug (T-1)
17. Januar 1992	T-1 kann auf einhundert Flugstunden zurückblicken.
11. April 1992	Erste Luft-zu-Luft-Betankung zwischen T-1 und einer KC-135
22. April 1992	Erster Flug der T-1 höher als 40.000 Fuß
29. Mai 1992	T-1 erreicht die maximale Mach-Zahl für die das Flugzeug ausgelegt ist.
3. Juni 1992	Erstflug mit Calibrated Airspeed im Flugtest
10. Juni 1992	Erster Einsatz der Schubumkehr während des Fluges (T-1)
17. Juni 1992	Erste Öffnung der Frachttür und -rampe während des Fluges (T-1)
13. August 1992	Erste Öffnung der Fallschirmspringer-Absetztür im Flug (T-1)
29. August 1992	100. Flug einer C-17 (T-1)
September 1992	Erste Beladung mit einem Kettenfahrzeug (M-60)
7. September 1992	Erste Landung auf einer unbefestigten Piste (P-3) wird unternommen.
15. September 1992	Erster Formationsflug in 2er-, 3er- und 4er-Formation.
23. September 1992	Erste Luft-zu-Luft-Betankung durch einen KC-10-Tanker (T-1). Erster Nachtflug und Start- sowie Landung bei Nacht (P-2)
4. Februar 1992	Der Meilenstein von 1.000 Flugstunden wird erreicht. Erster Abwurf einer Sendung per Fallschirm.
3. Mai 1993	Erster Abwurf eines Low Velocity Air Drop Systems (LVAD) über die Heckrampe (P-1)
14. Juni 1993	Erste Auslieferung einer C-17 (P-6) an eine aktive Einheit (17th AS)
9. Juli 1993	Erstes Absetzen von Fallschirmspringern im High Altitude – Low Opening HALO-Verfahren (T-1)
23. August 1992	Erstes Absetzen von Fallschirmspringern im HALO-Verfahren bei Nacht (P-4)
September 1993	Die C-17-Flotte erreicht die Marke von 2.000 Flugstunden.
10. November 1993	Erste Luft-zu-Luft-Betankung bei Nacht (P-5)
11. November 1993	Erstes Absetzen von Fallschirmspringern über die »Troop Doors« (P-1)
9. Dezember 1993	Erste Landung im steilen Anflugwinkel (P-2). Erster »Double-Stick»-Container-Abwurf (P-1)
8. April 1994	Ein erster Abwurf von mehreren LVAD-Plattformen (T-1) erfolgt.
5. August 1995	Dreißigtägige Zuverlässigkeits-, Wartungsfreundlichkeit- und Verfügbarkeits-Beurteilung ist abgeschlossen.
3. November 1995	Es fällt die Entscheidung, sämtliche 120 bestellten C-17 Globemaster III durch die U.S. Air Force abzunehmen.
31. Mai 1996	Ein mehrjähriger Vertrag für 80 C-17 wird unterzeichnet.
9. April 1997	Erste Teilnahme von C-17 an einer großen, in Formation geflogenen Absetzübung. Die Formation setzt sich aus neun C-17 + neun C-141 zusammen.

6. September 1997	Erster Übungseinsatz als Krankentransporter
Sommer 1998	Nächster Meilenstein ist mit 100.000 Flugstunden sämtlicher C-17 erreicht.
18. Mai 1999	Auslieferung des 50. Serienflugzeugs
16. Mai 2000	Das Vereinigte Königreich gibt bekannt, vier C-17 zu leasen.
18. September 2013	Boeing gibt bekannt, dass sie die Produktion der C-17 Globemaster III im Jahr 2015 beenden wird.
25. Oktober 2013	Boeing liefert die vierte C-17 Globemaster III an die indische Luftwaffe aus.
13. Februar 2014	Boeing liefert die erste C-17 Globemaster III an die kuwaitische Luftwaffe aus.
07. April 2014	Boeing aktualisiert den Zeitplan für die Schließung der C-17-Produktionslinie.
03. September 2014	Die Unterstützung für strategische Lufttransportkapazitäten durch Boeing C-17 übersteigt 1.000 Einsätze.
02. Juni 2015	Australien fliegt die erste C-17 der RAAF mit fortschrittlichem Netzwerkzugang.
15. Juni 2015	Boeing und Katar bestätigen den Kauf von vier C-17.
29. November 2015	Die letzte Boeing C-17 Globemaster III verlässt das Montagewerk in Long Beach.
26. Januar 2016	Boeing bietet C-17-Ausbildung für die NATO an.
08. Juli 2016	Boeing und Mahindra Defence Systems eröffnen C-17-Ausbildungszentrum für die indische Luftwaffe.
23. Juli 2020	NATO-Lufttransportmanagementprogramm erweitert C-17-Schulungskapazität mit Boeing-Dienstleistungsauftrag.
15. Januar 2021	Das C-17-Team feiert einen weiteren Meilenstein: vier Millionen Flugstunden – und es werden täglich mehr!
27. Mai 2021	Boeing übernimmt die C-17-Ausbildung für die nächste Generation von Besatzungen und Ingenieuren der Royal Air Force.
29. September 2021	Boeing und die U.S. Air Force verlängern die Partnerschaft zur Instandhaltung der C-17 mit einem Stufenvertrag im Wert von bis zu 23,8 Milliarden US-Dollar.

Auflistung sämtlicher produzierter Boeing C-17 Globemaster III

Die folgende Tabelle wurde von Peter Holzer erstellt.
Sie wurde zur Erhaltung der Authentizität in der Originalsprache belassen.

Kennzeichen	Seriennummern	Bestimmung	Erstflug	Auslieferung	Einsatzgeschichte	Bemerkung
87-0025	50002/F.1/T-1	USAF	15/09/1991	15/09/1991	to 412th TW on 09/1998, to Long Beach in camo 05/07/1999, to 418th FLTS/412th TW on 11/08/2009, wfu after ran out of flying hours on 11/2011, arrived at Long Beach on 23/04/2012, displayed Museum Dayton, Ohio 25/04/2012.	
88-0265	50005/F.4/P-1 Lot I AE07CB CFJR	USAF		8/05/1992	to 412th TW, to 97th AMW as CO 09/1997, to 437th AW 05/1999, to 97th AMW 09/2002, to 437th AW 09/2003, to 437th/315th AW on 01/2006, to 97th AMW on 03/2007, to 62nd/446th AW on 06/2007, currently 62nd /446th AW.	
88-0266	50006/F.5/P-2 Lot I AE07CC CFPR	USAF		21/06/1992	to 412th TW, to 437th/315th AW, to 97th AMW 04/1999, to 437th/315th AW 10/2000, currently 437th/315th AW.	
89-1189	50007/F.6/P-3 Lot II AE07CD CFPS	USAF		07/09/1992	97th AMW 04/1999, to 437th/315th AW 08/1999, to 97th AMW 10/2004, to 437th/315th AW on 12/09, to 911th AW 21/10/2018, on loan to 452nd AMW in Summer 2019.	Damaged on landing accident at Kandahar, Afghanistan on 23/12/2008.
89-1190	50008/F.7/P-4 Lot II AE07CE CFQR	USAF		09/12/1992	to 412th TW, to 437th/315th AW, to 97th AMW 08/2000, to 437th/315th AW 01/2001, to 97th AMW, to 437/315th AW 02/2006, to 62nd/446th AW 07/2011, to 167th AS/WV ANG 05/02/2015, currently 167th AW/WV ANG.	
89-1191	50009/F.8/P-5 Lot II AE07CF CGMS	USAF	31/01/1993	12/03/1993	to 97th AMW, to 437th/315th AW 10/1998, to 535th AS/15th WG coded »HH« 01/2010, to 535th AS/15th WG coded »HH« 01/2010, to 137th AS/NY ANG 10/11/2011, currently 105th AW/NY ANG.	Ran off runway at Kandahar, Afhganistan 23/12/2008, repaired.
89-1192	50010/F.9/P-6 Lot II AE07D0 CFJR	USAF	08/05/1993	14/06/1993	to 437th/315th AW currently 437th/315th AW, accepted 10/06/1993.	Named »Spirit of Charleston«.
90-0532	50011/F.10/P-7 Lot III AE07D1 CHFR			26/08/1993	to 437th/315th AW, to 97th AMW 12/2004, to 437th/315th AW 04/2008, to 517th AS 11/2009, to 62nd/446th AW 04/2010, to 145th AW/NC ANG on 04/2018, currently 145th AW/NC ANG.	
90-0533	50012/F.11/P-8 Lot III CKGR AE07D2	USAF	16/09/1993	29/10/1993	to 437th/315th AW, to 97th AMW mid 1997, to 62nd/446th AW 03/2004, to 97th AMW end 2004, to 62nd/446th AW 03/2005, to 535th AS/15th WG coded »HH« 03/2010, currently 535th AS/15th WG.	
90-0534	50013/F.12/P-9 Lot III AE07D3 CPJS	USAF	03/12/1993	30/12/1993	accepted 23/10/1993, to 437th/315th AW, to 97th AMW, to 437th/315th AW 03/1999, currently 437th/315th AW.	
90-0535	50014/F.13/P-10 Lot III AE07D4 CPKR	USAF	01/02/1994	08/02/1994	to 437th/315th AW, to 97th AMW 10/2000, to 62nd/446th AW 01/2005, to 89th AS/445th AW 02/2011.	
92-3291	50015/F.14/P-11 Lot IV AE07D5 CPKS	USAF		08/04/1994	to 437th/315th AW, to 97th AMW 04/2000, to 62nd/446th AW 12/2001, to 155th AS/TN ANG 01/10/2013.	
92-3292	50016/F.15/P-12 Lot IV AE07D6 CPLR	USAF		18/05/1994	to 437th/315th AW, to 911th AW/758th AS 11/2018, currently 911th AW/758th AS.	
92-3293	50017/F.16/P-13 Lot IV AE07D7 CPLS	USAF		29/06/1994	437th/315th AW, to 97th AMW in Spring 1998, to 437th/315th AW 04/1999, to 97th AMW in Summer 2002, to 437th/315th AW 12/2004, to 97th AMW 12/2005, to 62nd/446th AW 11/2009, to 437th/315th AW 02/2010 137th AS/NY ANG 04/2012 437th/315th AW 07/2012, to 145th AW/NC ANG 04/2018, currently 145th AW/NC ANG.	
92-3294	50018/F.17/P-14 Lot IV AE078D8 CPMS	USAF		20/08/1994	to 97th AMW 11/2001, to 145th AW/NC ANG 04/2018, to 62nd/446th AW 05/2010, currently 145th AW/NC ANG.	
93-0599	50019/F.18/P-15 Lot V AE07D9 CQAE	USAF		29/09/1994	to 437th/315th AW, to 97th AMW 10/2001, to 517th AS/3rd WG coded »AK« 10/2010, redesignated 144th AS AK ANG 04/2018, currently 144th AS/AK ANG.	
93-0600	50020/F.19/P-16 Lot V AE07DA CFPR	USAF		18/11/1994	to 437th/315th AW, to 97th AMW 09/1998 as 58th AS CO, to 437th/315th AW in Spring 1999, to 97th AMW 10/1999, to 62nd/446th AW 04/2003, to 97th AMW 10/2004, to 62nd/446th AW 05/2005, to 155th AS/TN ANG 11/2012 on loan to 183rd AS/MS ANG by 02/2014, back to 155th AS/TN ANG in 4/2014, currently 155th AS/TN ANG.	
93-0601	50021/F.20/P-17 Lot V AE07DB CQDH	USAF	08/12/1994	22/12/1994	to 437th/315th AW, to 97th AMW 09/1998, to 437th/315th AW 04/1999, to 97th AMW 07/1999, to 437th/315th AW in spring 2000, to 97th AMW in winter 2005, to 437th/315th AW end 2006/start 2007, to 97th AMW 04/2007 marked 97th OG, to 62nd/446th AW 10/2009, to 758th AS/911th AW 11/11/2018, currently 758th AS/911th AW.	

93-0602	50022/F.21/P-18 Lot V AE07DC CQDJ	USAF		17/02/1995	to 97th AMW during 1996, to 437th/315th AW end of 1997, to 97 th AMW 10/1999, to 62nd/446th AW 03/2002, to 97th AMW 06/2003, to 437th/315th AW 08/2009 with Boeing Long Beach by 10/2011, to 137th AS/NY ANG 05/2012 on loan to 437th/315th AW 03/2013, to 145th AW/NC ANG 07/04/2018, currently 145th AW/NC ANG.	70 years NC ANG on tail during 2020
93-0603	50023/F.22/P-19 Lot V AE07DD CQDK	USAF		13/04/1995	to 97th AMW 04/1999, to 437th/315th AW 10/1999, to 445th AW 10/05/2011, currently 445th AW/AFRC.	
93-0604	50024/F.23/P-20 Lot V AE07DE CRDJ	USAF		19/06/1995	to 437th/315th AW, to 97th AMW end of 1997, to 437th/315th AW 06/1999, to 445th AW 02/2011, currently 445th AW.	
94-0065	50025/F.24/P-21 Lot VI AE07DF CRJS	USAF		31/07/1995	to 437th/315th AW, to 97th AMW 04/2007, to 437th/315th AW 09/2007, to 97th AMW end of 2008, to 437th/315th AW 01/2010, to 97th AMW end of 2011, to 437th/315th AW 02/2012, to 155th AS/TN ANG 08/02/2013, currently 155th AS/TN ANG.	
94-0066	50026/F25/P-22 Lot VI AE07E0 CSAF	USAF	24/09/1995	29/09/1995	to 437th/315th AW, to 97th AMW 05/2008, to 62nd /446th AW 12/2011, currently 62nd/446th AW.	
94-0067	50027/F.26/P-23 Lot VI AE07E1 CSBQ	USAF	29/10/1995	20/11/1995	to 437th/315th AW, to 137th AS/NY ANG 15/03/2012, to 137th AS/NY ANG 15/03/2012, currently 105th AW/NY ANG.	
94-0068	50028/F.27/P-24 Lot VI AE07E2 CSFM	USAF		26/01/1996	to 437th/315th AW, to 97th AMW in 1998, to 437th /315th AW 10/1998, to 445th AW 02/2012, to 452nd AMW 03/2015, currently 452nd AMW/AFRC	
94-0069	50029/F.28/P-25 Lot VI AE07E3 CSFM	USAF		01/04/1996	to 437th/315th AW, to 97th AMW/AETC end of 1999, to 437th/315th AW 03/2002, to 167th AS/WV ANG 01/2015, currently 167th AW/WV ANG.	Received 137th AS/NY ANG marks by 07/2012 but not changed to the unit.
94-0070	50030/F.29/P-26 Lot VI AE07E4 EJLQ	USAF		31/05/1996	to 437th/315th AW, to 97th AMW 07/1998, to 437th/315th AW 09/2000, to 155th AS/TN ANG 05/2013, to 167th AS/WV ANG 01/10/2014, currently 167th AW/WV ANG	
95-0102	50031/F.30/P-27 Lot VII AE07E5 EKMS	USAF		03/07/1996	to 437th/315th AW, to 97th AMW 01/1999, to 437th/315th AW 05/1999, to 97th AMW 10/1999, to 437th/315th AW 05/2000, to 97th AMW 03/2010, to 437th/315th AW 11/2012, currently 437th/315th AW.	Named »Spirit of Long Beach«
95-0103	50032/F.31/P-28 Lot VII AE07E6 EKPR	USAF		20/08/1996	to 437th/315th AW, to 97th AMW 10/1998 (CO 07/11), to 437th/315th AW 06/2001, to 137th AS/NY ANG 07/2011, to 62nd/446th AW 06/2014, currently 62nd/446th AW.	Named »City of Altus«.
95-0104	50033/F.32/P-29 Lot VII AE07E7 EKPS	USAF		15/11/1996	to 437th /315th AW, to 97th AMW mid 2002, to 62nd/446th AW 8/2003, to 97th AMW 12/2005, to 437th/315th AW 02/2006, to 155th AS/TN ANG 02/05/2014, currently 155th AS/TN ANG.	
95-0105	50034/F.33/P-30 Lot VII AE07E8 EMAS	USAF		26/02/1997	to 437th/315th AW, to 97th AMW 09/1999, to 437th/315th AW 02/2001, to 437th/315th AW 02/2001, to 137th AS/NY ANG 18/07/2011.	Sentinel nose art
95-0106	50035/F.34/P-31 Lot VII AE07E9 EMLP	USAF		25/03/1997	to 437th/315th AW, to 62nd/446th AW 07/2009, currently 62nd/446th AW.	Named »Spirit of Bob Hope«.
95-0107	50036/F.35/P-32 Lot VII AE07EA EPQS	USAF		23/05/1997	to 437th/315th AW, currently 437th/315th AW.	Named »Spirit of North Charleston«.
96-0001	50037/F.36/P-33 Lot VIII AE07EB EQFS	USAF		28/08/1997	to 437th/315th AW, to 97th AMW08/2007, to 62nd/446th AW 11/2011, to 758th AS/911th AW 05/2018, to WRALC 11/2018, to 758th AS/911th AW 01/11/2018, currently 758th AS/911th AW.	
96-0002	50038/F.37/P-34 Lot VIII AE07EC EQGL	USAF		30/09/1997	to 437th/315th AW currently 437th/315th AW.	Named »Spirit of the Air Force«. Damaged in belly landing at Bagram Airfield, Afghanistan on 30/01/2009. Removed 02/02/2009, repaired, flew out to Long Beach, noted on 06/08/2009 for heavy maintenance.
96-0003	50039/F.38/P-35 Lot VIII AE07ED EQJR	USAF		13/11/1997	to 437th/315th AW, to 97th AMW 10/2003 marked 58th AS, to 62nd/446th AW 01/2005, to 437th/315th AW 09/2005, to 97th AMW 10/2006, to 62nd/446th AW 01/2010, to 97th AMW 11/2010, to 62nd/446th AW 02/2011, currently 62nd/446th AW.	
96-0004	50040/F.39/P-36 Lot VIII AE07EE EQJS	USAF		23/12/1997	to 437th/315th AW, to 97th AMW 02/2000, to 437th/315th AW 08/2000, to 445th AW/AFRC 02/2012, to 62nd/446th AW 31/05/2014, currently 62nd/446th AW.	
96-0005	50041/F.40/P-37 Lot VIII AE07EF EQKL	USAF		31/01/1998	to 437th/315th AW, to 137th AS/NY ANG 27/09/2012, currently 105th AW/NY ANG.	»Spirit of John L. Levitow«
96-0006	50042/F.41/P-38 Lot VIII AE07F0 EQKS	USAF		28/02/1998	to 437th/315th AW, to 167th AS/WV ANG 29/04/2015, currently 167th AW/WV ANG.	Named »Spirit of Berlin«.
96-0007	50043/F.42/P-39 Lot VIII AE07F1 EQLM	USAF		11/04/1998	437th/315th AW, 172nd AW/MS ANG 01/2010, 172nd AW/MS ANG 01/2010, currently 172nd AW/MS ANG.	Named »Spirit of America's Veterans«.
96-0008	50044/F.43/P-40 Lot VIII AE07F2 EQLP	USAF		15/05/1998	to 437th/315th AW, to 62nd/446th AW 04/2008, to 97th AMW 18/11//2011, currently 97th AMW/AETC.	Named »Spirit of the Total Force«.

Kennzeichen	Seriennummern	Bestimmung	Erstflug	Auslieferung	Einsatzgeschichte	Bemerkung
97-0041	50045/F.44/P-41 Lot IX AE07F3 EQLR	USAF		10/08/1998	to 437th/315th AW, to 137th AS/NY ANG 04/2012, to 437th/315th AW 10/2012, currently 437th/315th AW.	
97-0042	50046/F.45/P-42 Lot IX AE07F4 EQLS	USAF		18/09/1998	to 437th/315th AW, to 97th AMW 04/2001, to 62nd/446th AW 11/2009, to 155th AS/TN ANG 10/2014 currently 155th AS/TN ANG.	Named »The Spirit of Tuskegee Airmen«.
97-0043	50047/F.46/P-43 Lot IX AE07F5 EQMP	USAF		17/10/1998	to 437th/315th AW, to 452nd AMW 23/01/2009.	Named »Spirit of Los Angeles«. Destined to GIA in near future.
97-0044	50048/F.47/P-44 Lot IX AE07F6 EQPR	USAF		01/11/1998	to 437th/315th AW, to 445th AW/AFRC 21/01/2011, currently 445th AW/AFRC.	
97-0045	50049/F.48/P-45 Lot IX AE07F7 EQPS	USAF		14/12/1998	to 437th/315th AW, to 137th AS/NY ANG 21/10/2011, currently 105th AW/NY ANG.	
97-0046	50050/F.49/P-46 Lot IX AE07F8 ERDP	USAF		22/12/1998	to 437th/315th AW, to 97th AMW 11/2009, to 155th AS/TN ANG 01/2013, to 437th/315th AW 01/2015, currently 437th/315th AW.	Named »Spirit of Military Family«.
97-0047	50051/F.50/P-47 Lot IX AE07F9 ERLP	USAF		18/02/1999	to 437th/315th AW, to 97th AMW 09/2022 currently 97th AMW/AETC.	Named »The Spirit of Middle Georgia«.
97-0048	50052/F.51/P-48 Lot IX AE07FA ESAJ	USAF		20/03/1999	to 437th/315th AW, to 445th AW/AFRC 12/02/2012, currently 445th AW/AFRC.	
98-0049	50053/F.52/P-49 Lot X AE07FB ESGR	USAF		22/04/1999	to 437th/315th AW, to 62nd/446th AW during summer 2000 97th AMW 14/12/2011.	Named »Spirit of Rhein-Main«.
98-0050	50054/F.53/P-50 Lot X AE07FC CELP	USAF		18/05/1999	to 437th/315th AW, to 62nd/446th AW 05/2001, to 437th/315th AW 08/2012, to 97th AMW 20/03/2012 currently 97th AMW.	
98-0051	50055/F.54/P-51 Lot X AE07FD CFJR	USAF		25/06/1999	62nd/446th AW, to 97th AMW 9/2004, to Warner Robins ALC 04/2010, to 517th AS/3rd WG coded »AK« 05/2010, unit changed to 144th AS/AK ANG in 08/2018, currently 144th AS/AK ANG.	Wolfs head on tail left side Skull on tail right side
98-0052	50056/F.55/P-52 Lot X AE07FE CFPR	USAF		26/07/1999	to 62nd/446th AW.	Named »The Spirit of McChord«.
98-0053	50057/F.56/P-53 Lot X AE07FF CFPS	USAF		24/08/1999	to 97th AMW 10/2004, to 62nd/446th AW 09/2009, currently 62nd/446th AW.	
98-0054	50058/F.57/P-54 Lot X AE0800 CFQR	USAF		18/09/1999	to 62nd/446th AW, to 437th/315th AW 10/2004, to 62nd/446th AW 07/2006, to 437th/315th AW 03/2007, to 155th AS/TN ANG 01/2014, to 437th/315th AW 04/2015, currently 437th/315th AW.	
98-0055	50059/F.58/P-55 Lot X AE0801 CGMS	USAF		22/10/1999	to 62nd/446th AW, to 97th AMW 29/09/2009 currently 97th AMW.	Damaged on 24/07/2002 when hit runway on go around at Manas, Kyrghyzstan and repaired marked 58th AS 08/2012 - 09/2020.
98-0056	50060/F.59/P-56 Lot X AE0802 CHMS	USAF		18/11/1999	to 62nd/446th AW, to 517th AS/3rd WG coded »AK« 02/2010, unit changed to 144th AS/AK ANG in 08/2018, currently 144th AS/AK ANG.	Wolfs head on tail left side Skull on tail side right
98-0057	50061/F.60/P-57 Lot X AE0803 CHFR	USAF		11/12/1999	to 62nd/446th AW, to 97th AMW mid 2001, to 62nd/446th AW 10/2003, to 97th AMW 11/2009, to 137th AS/NY ANG 27/01/2012 on loan to 183rd AS/MS ANG in 01/2014, currently 105th AW/NY ANG.	
99-0058	50062/F.61/P-58 Lot XI AE0804 CKGR	USAF		17/03/2000	to 62nd/446th AW, to 97th AMW 12/2009, to 137th AS/NY ANG 08/2012, to 62nd/446th AW 10/2014, currently 62nd/446th AW.	
99-0059	50063/F.62/P-59 Lot XI AE0805 CPJS	USAF		31/03/2000	to 97th AMW 07/2004, to 437th/315th AW 05/2005 to 97th AMW 07/2006, to 62nd/446th AW 12/2011 currently 62nd/446th AW.	
99-0060	50064/F.63/P-60 Lot XI AE0806 CPKR	USAF		31/03/2000	to 62nd/446th AW, to 445th AW/AFRC 12/2011 to 62nd/446th AW 08/2015, currently 62nd/446th AW.	
99-0061	50065/F.64/P-61 Lot XI AE0807 CPKS	USAF		18/05/2000	to 62nd/446th AW, to 97th AMW 14/12/2011, currently 97th AMW.	
99-0062	50066/F.65/P-62 Lot XI AE0808 CPLR	USAF		15/06/2000	to 62nd/446th AW, to 97th AMW 11/2009, to 437th/315th AW 11/2012, currently 437th/315th AW.	Named »Spirit of the Hump«.
99-0063	50067/F.66/P-63 Lot XI AE0809 CPLS	USAF		30/06/2000	to 62nd/446th AW, to 97th AMW 25/08/2009, currently 97th AMW.	Named »Spirit of the Wright Brothers«.
99-0064	50068/F.67/P-64 Lot XI AE080A CPMS	USAF		03/08/2000	to 62nd/446th AW, to 97th AMW 08/11/2011, currently 97th AMW.	Named »City of St.Louis«.
99-0165	50069/F.68/P-65 Lot XI AE080B CQAE	USAF		31/08/2000	to 62nd/446th AW, to 445th AW/AFRC 09/12/2011, currently 445th AW/AFRC.	#3 engine caught fire on start up at Wright- Patterson, Ohio, USA on 07/01/2015 and damaged, repaired and back in service 27/01/2015.
99-0166	50070/F.69/P-66 Lot XI AE080C CQDG	USAF		11/09/2000	to 62nd/446th AW, to 97th AMW 05/2008, to 62nd/446th AW 21/08/2012, currently 62nd/446th AW.	

99-0167	50071/F.70/P-67 Lot XI AE080D CQDH	USAF		22/09/2000	to 62nd/446th AW, to 517th AS/3rd WG coded »AK« 10/2007, unit changed to 144th AS/AK ANG in 08/2019, currently 144th AS/AK ANG.	
99-0168	50072/F.71/P-68 Lot XI AE080E CQDJ	USAF		04/11/2000	62nd/446th AW, to 517th AS/3rd WG coded »AK« 09/2007, unit changed to 144th AS/AK ANG in 08/2018, currently 144th AS/AK ANG.	
99-0169	50073/F.72/P-69 Lot XI AE080F CQDK	USAF		30/11/2000	to 62nd/446th AW, to 517th AS/AK ANG 01/06/2007, to 97th AMW 04/2010, noted at WRALC 04/2012, swopped between 62nd AW, 517th AS/AK ANG in Summer 2012, to 437th/315th AW 12/2012, currently 437th/315th AW.	Named »Spirit of Denali«.
99-0170	50074/F.73/P-70 Lot XI AE0810 CRDJ	USAF		08/12/2000	to 62nd/446th AW, to 517th AS/3rd WG coded „AK“ 09/2007, to 97th AMW 17/08/2016, currently 97th AMW.	
00-0171	50075/F.74/P-71 Lot XII AE0676 CRJS	USAF		15/02/2001	to 62nd/446th AW, to 517th AS/3rd WG coded »AK« 09/2007, change to 144th AS/AK ANG in 08/2018, currently 144th AS/AK ANG.	Wolfshead on tail left side. Skull on tail right side. Flew height/weight world record on 27/11/2001 first C-17 with additional fuel tanks.
00-0172	50076/F.75/P-72 Lot XII AE0677 CSAF	USAF		22/03/2001	to 62nd/446th AW, to 517th AS/3rd WG coded »AK« 06/2007 to 97th AMW 06/2010, to 437th/315th AW end of 2017/start 2018 to 145th AW/NC ANG 07/2018, currently 145th AW/NC ANG.	Named »Spirit of Cascades«.
00-0173	50077/F.76/P-73 Lot XII AE0678	USAF		24/04/2001	to 62nd/446th AW, to 517th AS/3rd WG coded »AK« 09/2007.	Named »Spirit of the Aleutians«. Crashed 28/07/2010 near Elmendorf, Alaska,USA when stalled during agressive turn after take off while performing airshow practice.
ZZ171	50078/F.77/UK1	RAF	16/04/2001	23/05/2001	accepted 17/05/2001	US Testregistration N171UK
ZZ172	50079/F.78/UK2 Lot XII 43C171 JKES 00-0201	RAF	05/2001	13/06/2001	accepted 12/06/2001, to 99th Sqdn	US Testregistration N172UK
00-0174	50080/F.79/P-74 Lot XII 43C172 JMBQ 00-0202	RAF			.	
	Lot XII AE0679 CSFL	USAF		27/06/2001	to 62nd/446th AW, to 517th AS/3rd WG coded »AK« 12/2007, unit changed to 144th AS/AK ANG in 08/2018, currently 144th AS/AK ANG.	Damaged in hard landing on 08/01/2002 at Kandahar Airfield, Afghanistan, flew to Incirlik, Turkey for inspection and repaired. Named »Spirit of Sourdoughs«.
ZZ173	50081/F.80/UK3	RAF	07/2001	04/08/2001	accepted 31/7/2001, to 99th Sqdn.	US Testregistration N173UK
ZZ174	50082/F.81/UK4 Lot XII 43C173 KPDF 00-0203	RAF	08/2001	26/08/2001	accepted 23/08/2001, to 99th Sqdn	US Testregistration N174UK
	50083/F.82/P-75 Lot XII 43C174 KPDG 00-0204	RAF				
00-0175	Lot XII AE0811 CSFM	USAF		13/09/2001	437th/315th AW, to 62nd/446th AW11/2002 to 97th AMW 10/2014, to 305th/514th AMW end 2016/start 2017, currently 305th/514th AMW	Named »Spirit of Connecticut«.
00-0176	50084/F.83/P-76 Lot XII AE0812 EJLQ	USAF		16/10/2001	437th/315th AW, to 62nd/446th AW 12/2005, to 155th AS/TN ANG 08/2013, currently 155th AS/TN ANG.	
00-0177	50085/F.84/P-77 Lot XII AE0813 EKMS	USAF		13/11/2001	to 437th/315th AW, to 62nd/446th AW 11/2005, to 97th AMW 07/2011, to 137th AS/NY ANG 08/2014, currently 105th AW/NY ANG.	
00-0178	50086/F.85/P-78 Lot XII AE0814 EKPR	USAF		30/11/2001	to 62nd/446th AW, to 97th AMW 11/2010, to 445th AW/AFRC mid 2013, currently 445th AW/AFRC.	
00-0179	50087/F.86/P-79 Lot XII AE0815 EKPS	USAF		30/11/2001	to 62nd/446th AW, to 97th AMW 18/06/2014, currently 97th AMW.	
-0180	50088/F.87/P-80 Lot XII AE0816 EMAS	USAF		13/12/2001	to 62nd/446th AW, to 911th AW/AFRC 05/2018, currently 911th AW/AFRC.	
00-0181	50089/F.88/P-81 Lot XII AE0817 EMLP	USAF		15/01/2002	to 62nd/446th AW, to 167th AS/WV ANG 02/2015, currently 167th AW/WV ANG.	
00-0182	50090/F.89/P-82 Lot XII AE0818 EPQS	USAF		14/02/2002	to 62nd/446th AW, to 167th AS/WV ANG 01/2015, currently 167th AW/WV ANG.	
00-0183	50091/F.90/P-83 Lot XII AE08E3 EQFS	USAF		15/03/2002	to 62nd/446th AW, to 145th AW/NC ANG 07/04/2018, currently 145th AW/NC ANG.	Named «Spirit of Freedom«.
00-0184	50092/F.91/P-84 Lot XII AE08BE EQGL	USAF		03/04/2002	to 62nd/446th AW, to 911th AW/AFTC 03/2019, currently 911th AW/AFRC.	Named »Spirit of Col. Joe M. Jackson«.
00-0185	50093/F.92/P-85 Lot XII AE08CF EQJR	USAF		08/05/2002	to 62nd/446th AW, to 517th AS/3rd WG coded »AK« 03/11/2012 unit changed to 144th AS/AK ANG in 08/2018, currently 144th AS/AK ANG.	Named «The American Spirit». Wolfshead on tail left side Skull on tail right side.
01-0186	50094/F.93/P-86 Lot XIII AE10B5 EQJS	USAF		24/05/2002	62nd/446th AW, to 436th/512th AW 13/06/2013, currently 436th/512th AW.	

Kennzeichen	Seriennummern	Bestimmung	Erstflug	Auslieferung	Einsatzgeschichte	Bemerkung
01-0187	50095/F.94/P-87 Lot XIII AE10B6 EQKL	USAF		13/06/2002	to 62nd/446th AW currently 62nd/446th AW.	On loan to 105th AW/NY ANG in 05-06/2013 without change of markings.
01-0188	50096/F.95/P-88 Lot XIII AE10B7 EQKS	USAF		10/07/2002	to 437th/315th AW, to 137th AS/NY ANG 09/10/2012, currently 105th AW/NY ANG.	
01-0189	50097/F.96/P-89 Lot XIII AE10B8 EQLM	USAF		30/07/2002	to 437th/315th AW, to 155th AS/TN ANG 30/04/2014, currently 155th AS/TN ANG.	
01-0190	50098/F.97/P-90 Lot XIII AE10B9 EQLP	USAF		26/08/2002	to 437th/315th AW, to 97th AMW 15/01/2013 currently 97th AMW.	Named »Spirit of America's POW's and MIA's«.
01-0191	50099/F.98/P-91 Lot XIII AE10BA EQLR	USAF		09/09/2002	to 437th/315th AW, to 436th/512th AW 07/08/2013, currently 436th/512th AW.	
01-0192	50100/F.99/P-92 Lot XIII AE10BB EQLS	USAF		30/09/2002	to 437th/315th AW, to 97th AMW 12/2009, to 137th AS/NY ANG 13/05/2014, currently 105th AW/NY ANG	
01-0193	50101/F.100/P-93 Lot XIII AE10BC EQMP	USAF		25/10/2002	to 437th/315th AW.	»Named »Spirit of Strom Thurmond«.
01-0194	50102/F.101/P-94 Lot XIII AE10BD EQPR	USAF		02/11/2002	to 437th/315th AW, to 97th AMW 11/2009, to 445th AW/AFRC 08/2014.	
01-0195	50103/F.102/P-95 Lot XIII AE10BE EQPS	USAF		20/11/2002	to 437th/315th AW, to 97th AMW 13/06/2012, currently 97th AMW.	Marked 97th AMW 6/2015 - 3/2019. Carrying »Lets Roll 9-11« nose art.
01-0196	50104/F.103/P-96 Lot XIII AE10BF ERDP	USAF		2/12/2002	437th/315th AW, o 167th AS/WV ANG 10/2014, currently 167th AW/WV ANG.	Damaged in Bagram, Afghanistan on 06/08/2005 repaired at Long Beach 01/2007. Named »Spirit of Enduring Freedom«.
01-0197	50105/F.104/P-97 Lot XIII AE10C0 ERLP	USAF		10/01/2003	to 437th/315th AW, to 97th AMW 07/2012 as 97th OG to 437th/315th AW mid 2016, to 145th AW/NC ANG 07/2018, currently 145th AW/NC ANG.	
02-1098	50106/F.105/P-98 M Lot XIII AE1170 ESAJ	USAF		28/01/2003	to 437th/315th AW, to 305th/514th AMW 08/2013, currently 305th/514th AMW.	
02-1099	50107/F.106/P-99 Lot XIII AE1171 ESGR	USAF		15/02/2003	437th/315th AW, 97th AMW 09/2012 437th/315th AW 08/2016 911th AW/AFRC 09/10/2018, currently 911th AW/AFRC.	
02-1100	50108/F.107/P-100 Lot XIII AE1172 CELP	USAF		14/03/2003	437th/315th AW, 155th AS/TN ANG 22/11/2013, currently 155th AS/TN ANG.	
02-1101	50109/F.108/P-101 Lot XIV AE1173 CFJR	USAF		27/03/2003	to 437th/315th AW, 911th AW/AFRC 01/10/2018 currently 911th AW/AFRC.	
02-1102	50110/F.109/P-102 Lot XIV AE1174 CFPR	USAF		15/04/2003	437th/315th AW, to 62nd/446th AW 12/2005 to 97th AMW 06/2014, currently 97th AMW.	
02-1103	50111/F.110/P-103 Lot XIV AE1175 CFPS	USAF		09/05/2003	62nd/446th AW, to 97th AMW 27/06/2014 currently 97th AMW.	
02-1104	50112/F.111/P-104 Lot XIV AE1176 CFQR	USAF		07/06/2003	to 97th AMW 02/06/2016, currently 97th AMW.	Marked »97th OG« by 07/2017.
02-1105	50113/F.112/P-105 Lot XIV AE1177 CGMS	USAF		13/06/2003	to 62nd/446th AW, currently 62nd/446th AW.	Temporary reg N1105X
02-1106	50114/F.113/P-106 Lot XIV AE1178 CHES	USAF		16/07/2003	to 62nd/446th AW, currently 62nd/446th AW.	
02-1107	50115/F.114/P-107 M Lot XIV AE1179 CHFR	USAF		15/08/2003	to 62nd/446th AW, to 97th AMW 08/2012, to 62nd/446th AW 06/2016, to 145th AW/NC ANG 04/2018, currently 145th AW/NC ANG.	
02-1108	50116/F.115/P-108 Lot XIV AE117A CKGR	USAF		29/08/2003	to 62nd/446th AW, currently 62nd/446th AW.	
02-1109	50117/F.116/P-109 Lot XIV AE117B CPJS	USAF		25/09/2003	to 62nd/446th AW, currently 62nd/446th AW.	
02-1110	50118/F.117/P-110 Lot XIV AE117C CPKR	USAF		15/10/2003	to 62nd/446th AW, currently 62nd/446th AW.	On loan to 164th AW/TN ANG without unit mark changes on 01/2014.
02-1111	50119/F.118/P-111 Lot XIV AE117D CPKS	USAF		24/10/2003	to 62nd/446th AW, currently 62nd/446th AW.	
02-1112	50120/F.119/P-112 Lot XIV AE117E CPLR	USAF		15/12/2003	to 172nd AW/MS ANG, currently 172nd AW/MS ANG.	Named »Spirit of Mississippi Minuteman«.
03-3113	50121/F.120/P-113 Lot XIV AE1196 CPLS	USAF		10/01/2004	to 172nd AW/MS ANG, currently 172nd AW/MS ANG.	Mamed »Spirit of Purple Heart«. On loan to 105th AW/NY ANG without unit unit marks changes on 01/2014.
03-3114	50122/F.121/P-114 Lot XIV AE1197 CPMS	USAF		22/01/2004	to 172nd AW/MS ANG, currently 172nd AW/MS ANG	

03-3115	50123/F.122/P-115 Lot XIV AE1198 CQAE	USAF		30/01/2004	to 172nd AW/MS ANG, currently 172nd AW/MS ANG.	
03-3116	50124/F.123/P-116 Lot XV AE1199 CQDG	USAF		05/03/2004	to 172nd AW/MS ANG, currently 172nd AW/MS ANG.	
03-3117	50125/F.124/P-117 Lot XV AE119A CQDH	USAF		25/03/2004	to 172nd AW/MS ANG, currently 172nd AW/MS ANG.	
03-3118	50126/F.125/P-118 Lot XV AE119B CQDJ	USAF	04/04/2004	18/04/2004	172nd AW//MS ANG, currently 172nd AW/MS ANG.	On loan to 105th AW/NY ANG without unit marks changes on 02/2014. Named »Spirit of Choctaw Warrior«.
03-3119	50127/F.126/P-119 Lot XV AE119C CQDK	USAF	24/01/2004	08/05/2004	to 172nd AW/MS ANG, currently 172nd AW/MS ANG.	Named »Spirit of G.V. Sonny Montgomery«.
03-3120	50128/F.127/P-120 Lot XV AE119D CRDJ	USAF	12/05/2004	22/05/2004	to 62nd/446th AW, currently 62nd/446th AW.	
03-3121	50129/F.128/P-121 Lot XV AE1232 CRJS	USAF	08/06/2004	02/07/2004	to 412th TW, currently 412th TW.	Tailcode »ED«
03-3122	0130/F.129/P-122 Lot XV AE1233 CSAF	USAF	02/07/2004	20/07/2004	to 62nd /446th AW, to 437th/315th AW 11/2005 to 97th AMW 09/2016, to 437th /315th AW 06/2022, currently 437th/315th AW.	
03-3123	50131/F.130/P-123 Lot XV AE1234 CSBQ	USAF	27/07/2004	04/08/2004	to 62nd/446th AW, to 437th/315th AW 1/2005, to 167th AS/WV ANG 17/07/2015, currently 167th AW/WV ANG.	
03-3124	50132/F.131/P-124 Lot XV AE1235 CSFL	USAF	16/08/2004	25/08/2004	to 62nd/446th AW, to 437th/315th AW 04/2006, currently 437th/315th AW.	
03-3125	50133/F.132/P-125 Lot XV AE1236 CSFM	USAF	01/09/2004	20/09/2004	to 305th/514th AMW, currently 305th/514th AMW.	Named »Spirit of New Jersey«.
03-3126	50134/F.133/P-126 Lot XV AE1237 EJLQ	USAF	30/09/2004	18/10/2004	to 305th/514th AMW, currently 305th/514th AMW.	
03-3127	50135/F.134/P-127 Lot XV AE1238 EKMS	USAF	08/11/2004	10/11/2004	to 305th/514th AMW, to 62nd/446th AW 05/2013, currently 62nd/446th AW.	
04-4128	50136/F.135/P-12 Lot XV AE123A EKPR	USAF	30/11/2004	07/12/2004	to 305th/514th AMW, currently 305th/514th AMW.	
04-4129	50137/F.136/P-129 Lot XV AE1239 EKPS	USAF	17/12/2004	15/01/2005	to 305th/514th AMW, to 437th/315th AW 09/2013, to 97th AMW 27/06/2016, currently 97th AMW.	97th AMW CO 11/2019 – current »LetsRoll-9-11« NoseArt
04-4130	50138/F.137/P-130 Lot XV AE123B EMAS	USAF	17/01/2005	26/01/2005	to 305th/514th AMW, currently 305th/514th AMW.	
04-4131	50139/F.138/P-131 Lot XV AE123C EMLP	USAF		25/02/2005	to 305th/514th AMW, currently 305th/514th AMW.	Named »Spirit of Thomas B. McGuire«.
04-4132	50140/F.139/P-132 Lot XV AE123D EPQS	USAF		31/03/2005	to 305th/514th AMW, currently 305th/514th AMW.	
04-4133	50008/F.7/P-4 AE123E EQFS	USAF	30/03/2005	05/04/2005	to 305th/514th AMW, currently 305th/514th AMW.	
04-4134	50142/F.141/P-134 AE123F EQGL	USAF	05/04/2005	29/04/2005	to 305th/514th AMW, currently 305th/514th AMW.	
04-4135	50143/F.142/P-135 AE1240 EQGL	USAF	29/04/2005	20/05/2005	to 305th/514th AMW, to 437th/315th AW 08/2013, to 97th AMW 12/07/2016, currently 97th AMW.	
04-4136	50144/F.143/P-136 AE1241 EQJS	USAF	23/05/2005	04/06/2005	to 305th/514th AMW, currently 305th/514th AMW.	
04-4137	50145/F.144/P-137 AE1242 EQKL	USAF		24/06/2005	to 305th/514th AMW, currently 305th/514th AMW.	Named »The Spirit of 9-11 Let's Roll«.
04-4138	50146/F.145/P-138 AE1448 EQKS	USAF	13/07/2005	05/08/2005	to 452nd AMW/AFRC, currently 452nd AMW/AFRC.	Named »Spirit of California«.
05-5139	50147/F.146/P-139 AE1449 EQLM	USAF	12/08/2005	30/08/2005	accepted 27/08/2005, to 452nd AMW/AFRC, currently 452nd AMW/AFRC.	Electromagnetic testing at Benefield Facility.
05-5140	50148/F.147/P-140 AE144A EQLP	USAF	16/09/2005	21/09/2005	to 452nd AMW/AFRC, currently 452nd AMW/AFRC.	
05-5141	50149/F.148/P-141 AE144B EQLR	USAF	30/09/2005	12/10/2005	to 452nd AMW/AFRC, currently 452nd AMW/AFRC.	
05-5142	50150/F.149/P-142 AE144C EQLS	USAF	28/10/2005	02/11/2005	to 452nd AMW/AFRC, currently 452nd AMW/AFRC.	
05-5143	50151/F.150/P-143 AE144D EQMP	USAF		10/11/2005	to 452nd AMW/AFRC, to 445th AW/AFRC 03/2015, currently 445th AW/AFRC.	
05-5144	50152/F.151/P-144 AE144E EQPR	USAF	18/11/2005	06/12/2005	to 452nd AMW/AFRC, currently 452nd AMW/AFRC.	

Kennzeichen	Seriennummern	Bestimmung	Erstflug	Auslieferung	Einsatzgeschichte	Bemerkung
05-5145	50153/F.152/P-145 AE144F EQPS	USAF	15/12/2005	12/01/2006	to 452nd AMW/AFRC, currently 452nd AMW/AFRC.	Named »Spirit of Ronald Reagan« on 13/01/2006.
05-5146	50154/F.153/P-146 AE1450 ERDP	USAF	20/01/2006	02/02/2006	to 15th WG/PACAF coded »HH«, currently 15th WG/PACAF.	Named »Spirit of Hawaii-Ke Aloha« on 08/02/2006.
05-5147	50155/F.154/P-147 AE1451 ERLP	USAF	01/02/2006	16/02/2006	to 15thWG/PACAF coded »HH«, currently 15th WG/PACAF.	Named »Spirit of Daniel Inouye« in 12/2014.
05-5148	50008/F.7/P-148 Lot II AE1452 ESAJ	USAF	23/02/2006	03/03/2006	to 15thWG/PACAF coded »HH«, currently 15th WG/PACAF.	
05-5149	50157/F.156/P-149 E1453 ESGR	USAF	24/03/2006	03/04/2006	o 15thWG/PACAF coded »HH«, currently 15th WG/PACAF.	
05-5150	50158/F.157/P-150 E1454 CELP	USAF	06-04/2006	25/04/2006	to 15th WG/PACAF, currently 15th WG/PACAF.	
05-5151	50159/F.158/P-151 AE1455 CFJR	USAF	26/04/2006	6/05/2006	to 15th WG/PACAF, currently 15th WG/PACAF.	
05-5152	50160/F.159/P-152 AE1456 CFPR	USAF	22/05/2006	:31/05/2006	to 15th WG/PACAF, currently 15th WG/PACAF.	Named »Spirit of Go for broke« on 14/06/2006.
05-5153	50161/F.160/P-153 AE1457 CFPS	USAF	05/07/2006	13/07/2006	to 15th WG/PACAF, currently 15th WG/PACAF.	Named »Spirit of Kamehameha-Imua«.
06-6154	50162/F.161/P-154 AE1458 CFQR	USAF	12/07/2006	02/08/2006	to 60th/349th AMW, currently 60th/349th AMW.	Named »Spirit of Solano«. Stored at Long Beach 02/10/2011 after accident.
06-6155	50163/F.162/P-155 AE1459 CGMS	USAF	16/08/2006	28/08/2006	to 60th/349th AMW, currently 60th/349th AMW.	Named »Spirit of Benicia«.
06-6156	50164/F.163/P-156 AE145 CHES	USAF	08/09/2006	16/09/2006	to 60th/349th AMW, currently 60th/349th AMW.	Named »Spirit of the Golden Bear«.
06-6157	50165/F.164/P-157 AE145B CHFR	USAF		05/10/2006	to 60th/349th AMW, currently 60th/349th AMW.	Named »Spirit of Dixon«.
06-6158	50166/F.165/P-158 AE145C CKGR	USAF		02/11/2006	to 60th/349th AMW, currently 60th/349th AMW.	Named »Spirit of 9-11 Let's Roll«.
06-0206	50167/F.166/AT1 7CF869 LPCF A41-206	RAAF	07/11/2006	28/11/2006	accepted 17/11/2006, to 36th Sqdn.	
06-6159	50168/F.167/P-159 AE145D CPJS	USAF	12/12/2006	18/12/2006	to 60th/349th AMW, currently 60th/349th AMW.	Named »Spirit of Golden Gate«.
06-6160	50169/F.168/P-160 AE145E CPKR	USAF		07/01/2007	to 60th/349th AMW, currently 60th/349th AMW.	Named »Spirit of Fairfield«.
06-6161	50170/F.169/P-161 LAE145F CPKS	USAF	23/01/2007	03/02/2007	to 60th/349th AMW, currently 60th/349th AMW.	Named »Spirit of Rio Vista«.
06-6162	50171/F.170/P-162 AE1460 CPLR	USAF	23/02/2007	28/02/2007	to 60th/349th AMW, currently 60th/349th AMW.	Named »Spirit of Suisin City«.
06-6163	50172/F.171/P-163 AE1461 CPLS	USAF		21/03/2007	to 60th/349th AMW, currently 60th/349th AMW.	Named »City of Vacaville«.
06-6164	50173/F.172/P-164 AE1462 CPLS	USAF	30/03/2007	7/04/2007	to 60th/349th AMW, currently 60th/349th AMW.	Named »Spirit of Vallejo«.
06-0207	50167/F.173/AT2 A41-207	RAAF	23/04/2007	11/05/2007	accepted 01/05/2007, to 36th Sqdn.	7CF86A LPCG
06-6165	50174/F.174/P-165 AE1463 CQAE	USAF	14/05/2007	25/05/2007	to 436th/512th AW, currently 436th/512th AW.	Named »Spirit of Constitution« on 31/05/2007.
06-6166	50176/F.175/P-166 AE1464 CQDG	USAF		15/06/2007	to 436th/512th AW, currently 436th/512th AW.	
06-6167	50177/F.176/P-167 AE1465 CQDH	USAF	26/06/2007	03/07/2007	to 436th/512th AW, currently 436th/512th AW.	
07-7701	50178/F.177/CA1 C2B3D7 HQBC 177701	RCAF	23/07/2007	08/08/2007	accepted 03/08/2007, to 429th Sqdn.	US Test Registration N9500B
06-6168	50179/F.178/P-168 AE1466 CQDJ	USAF	14/08/2007	28/08/2007	to 436th/512th AW, currently 436th/512th AW.	
07-7169	50180/F.179/P-169 AE1467 CQDK		12/09/2007	30/09/2007	to 436th/512th AW, currently 436th/512th AW.	

07-7702	501181F.180/CA2 C2AFC7 HQBD 177702	RCAF	05/10/2007	8/10/2007	accepted 17/10/2007, to 429th Sqdn.	US Test Registration N9500H
07-7170	50182/F.181/P-170 AE1468 CRDJ	USAF	11/01/2007	07/11/2007	to 436th/512th AW, currently 436th/512th AW.	
07-7171	50183/F.182/P-171 AE1469 CRJS	USAF	15/11/2007	28/11/2007	to 436th/512th AW, to 305th/514th AMW 08/2013, currently 305th/514th AMW.	
07-0208	50184/F.183/AUS3 7CF86B LPCH A41-208	RAAF	12/12/2007	12/02/2008	accepted 16/12/2007, to 36th Sqdn	
07-0209	50185/F.184/AUS4 7CF86C LPCJ A41-209	RAAF		08/03/2008	accepted 18/01/2008, to 36th Sqdn	
06-0205	50186/F.185/UK5 43C04E APDL ZZ175	RAF	06/02/2008	07/04/2008	accepted 12/02/2008, to 99th Sqdn.	to San Antonio on 25/02/2008 for LATRCM US Test Registration N9500Z
	50187/F.186/CA3 C2B3EB HQBJ 177703	RCAF		09/05/2008	accepted 06/03/2008, to 429th Sqdn.	US Test Registration N9500N
07-7703 07-7704	50188/F.187/CA4 C2B3F5 HQBK 177704	RCAF	22/03/2008	03/04/2008	accepted 01/04/2008, to 429th Sqdn.	Using Mode-S C2AFDB in 5/2008 – 7/2008 US Test Registration N9500R.
07-7172	50189/F.188/P-172 AE146A CSAF	USAF	06/04/2008	23/04/2008	to 60th/349th AMW, currently 60th/349th AMW.	
07-7173	50190/F.189/P-173 L AE146B SCSBQ	USAF		14/05/2008	to 436th/512th AW, currently 436th/512th AW.	
08-0206	50191/F.190/UK6 43C1C6 PSAM ZZ176	RAF	30/05/2008	02/07/2008	accepted 10/06/2008, to 99h Sqdn.	US Test Registration N9500B
07-7174	50192/F.191/P-174 AE146C CSFI	USAF		27/06/2008	to 436th/512th AW, currently 436th/512th AW.	
07-7175	50193/F.192/P-175 0 Lot II AE146D CSFM	USAF	15/07/2008	21/07/2008	to 436th/512th AW, currently 436th/512th AW.	
07-7176	50194/F.193/P-176 AE146E EJLQ	USAF	11/08/2008	12/08/2008	to 436th/512th AW, currently 436th/512th AW.	
07-7177	50195/F.194/P-177 AE146F EKMS	USAF	04/09/2008	11/09/2008	to 436th/512th AW, currently 436th/512th AW.	
07-7178	50196/F.195/P-178 L AE1470 EKPR	USAF	26/09/2008	08/10/2008	436th/512th AW, to 305th/514th AMW 10/2013, currently 305th/514th AMW.	Named »Spirit of Delaware« when operate under 436th/512th AW.
07-7179	50197/F.196/P-179 AE1471 EKPS	USAF	17/10/2008	29/10/2008	to 60th/349th AMW, currently 60th/349th AMW.	Named »Spirit of Travis«.
07-7180	50198/F.197/P-180 AE1472 EMAS	USAF	11/11/2008	8/11/2008	to 437th/315th AW, to Warner Robins ALC 04/2019, back to 437th/315th AW 09/2019, currently 437th/315th AW.	
07-7181	50199/F.198/P-181 AE20C2 EMLP	USAF	6/12/2008	09/12/2008	to 437th/315th AW, currently 437th/315th AW.	
07-7182	50200/F.199/P-182 AE20C3 EPQS	USAF	06/12/2008	22/12/2008	to 437th/315th AW, currently 437th/315th AW.	Aborted first flight on 5th.
07-7183	50201/F.200/P-183 AE20C4 EQFS	USAF	0/01/2009	09/02/2009	to 437th/315th AW, currently 437th/315th AW.	
07-7184	50202/F.201/P-184 AE20C5 SEQGL	USAF	20/02/2009	02/03/2009	to 437th/315th AW, currently 437th/315th AW.	
07-7185	50203/F.202/P-185 AE20C6 EQJR	USAF	17/03/2009	26/03/2009	to 437th/315th AW, currently 437th/315th AW.	
07-7186	50204/F.203/P-186 AE20C7 EQJS	USAF	09/04/2009	15/04/2009	to 437th/315th AW, currently 437th/315th AW.	
07-7187	50205/F.204/P-187 AE20C8 EQKL	USAF	25/04/2009	09/05/2009	to 437th/315th AW, currently 437th/315th AW.	
07-7188	50206/F.205/P-188 AE20C9 EQKS	USAF	20/05/2009	31/05/2009	to 437th/315th AW, currently 437th/315th AW.	
07-7189	50207/F.206/P-189 AE20CA EQLM	USAF	16/06/2009	22/06/2009	to 437th/315th AW, currently 437th/315th AW.	Overran runway at FOB Shank, Afghanistan on 23/01/2012 with damages at undercarriage and fuselage, transferred to Long Beach with temporarily repairs.

Kennzeichen	Seriennummern	Bestimmung	Erstflug	Auslieferung	Einsatzgeschichte	Bemerkung
08-0001	50208/F.207/SAC1 477FF1 PQLM 01	NATO		01/07/2009	to Charleston, to SAC/Papa 27/07/2009	
A9-MAA	50209/F.208/QA1 QEAF FMS			14/08/2009	to 12th Sqdn	Grey color scheme
A9-MAB	50210/F.209/QA2 QEAF FMS			12/09/2009	to 12h Sqdn	Civil Qatar Airways color scheme
08-0002	50211/F.210/SAC2 477FF2 PRLS 02	NATO		17/09/2009	to SAC/Papa	
08-0003	50212/F.211/SAC3 477FF3 RSEH 03	NATO		07/10/2009	to SAC/Papa	
08-8190	50213/F.212/P-190 AE2FA2 EQLP	USAF	15/10/2009	22/10/2009	to 437th/315th AW, currently 437th/315th AW.	
08-8191	50214/F.213/P-191 AE2FA3 EQLR	USAF	10/11/2009	16/11/2009	to 437th/315th AW, currently 437th/315th AW.	
08-8192	50215/F.214/P-192 Lot II AE2FA4 EQLS	USAF	24/11/2009	09/12/2009	to 62nd/446th AW, currently 62nd/446th AW.	
08-8193	50216/F.215/P-193 AE2FA5 EQMP	USAF	14/12/2009	22/12/2009	to 62nd/446th AW, currently 62nd/446th AW.	
08-8194	50217/F.216/P-194 AE2FA6 EQPR	USAF	26/01/2010	01/02/2010	to 62nd/446th AW, currently 62nd/446th AW.	
08-8195	50218/F.217/P-195 AE2FA7 EQPS	USAF	19/02/2010	09/03/2010	to 62nd/446th AW, currently 62nd/446th AW.	
08-8196	50219/F.218/P-196 AE2FA8 SERPP	USAF	22/03/2010	31/03/2010	to 62nd/446th AW, currently 62nd/446th AW.	
08-8197	50220/F.219/P-197 AE2FA9 ERLP	USAF	13/04/2010	20/04/2010	to 62nd/446th AW, currently 62nd/446th AW.	
08-8198	50221/F.220/P-198 AE2FAA ESAJ	USAF	05/05/2010	13/05/2010	to 305th/514th AMW, to 437th/315th AW 04/2012, currently 437th/315th AW.	
08-8199	50222/F.221/P-199 Lot II AE2FAB ESGR	USAF	27/05/2010	16/06/2010	to 305th/514th AMW, to 62nd/446th AW 11/2012, currently 62nd/446th AW.	
08-8200	50223/F.222/P-200 AE2FAC CELP	USAF	20/07/2010	30/07/2010	to 305th/514th AMW, on loan to 412th TW in 2012 in 305th AMW marks to 62nd/446th AW 09/2014, currently 62nd/446th AW.	
08-8201	50224/F.223/P-201 AE2FAD CFJR	USAF	01/08/2010	20/08/2010	to 62nd/446th AW, currently 62nd/446th AW.	
08-8202	50225/F.224/P-202 AE2FAE CFPR	USAF	19/08/2010	21/09/2010	to 62nd/446th AW, currently 62nd/446th AW.	
08-8203	50226/F.225/P-203 AE2FAF CFPS	USAF	25/09/2010	01/10/2010	to 62nd/446th AW, currently 62nd/446th AW.	
08-8204	50227/F.226/P-204 AE2FBO CFQR	USAF	13/10/2010	3/10/2010	to 437th/315th AW, currently 437th/315th AW.	
09-0207	50228/F.227/UK7 43C6B8 CDFS ZZ177	RAF	05/11/2010	13/11/2010	accepted 16/11/2010, to 99th Sqdn.	100 years RAF tail markings
09-9205	50229/F.228/P-205 AE49C1 CGMS	USAF	30/11/2010	09/12/2010	to 437th/315th AW, currently 437th/315th AW.	
09-9206	50230/F.229/P-206 AE49C2 CHES	USAF	16/12/2010	22/12/2010	to 437th/315th AW, currently 437th/315th AW.	
09-9207	50231/F.230/P-207 AE49C3 CHFR	USAF	25/01/2011	03/02/2011	to 437th/315th AW, currently 437th/315th AW.	
09-9208	50232/F.231/P-208 AE49C4 CKGR	USAF	17/02/2011	25/02/2011	to 437th/315th AW, currently 437th/315th AW.	
09-9209	50233/F.232/P-209 AE49C5 CPJS	USAF	14/03/2011	23/03/2011	to 62nd/446th AW, currently 62nd/446th AW.	
09-9210	50234/F.233/P-210 AE49C6 CPKR	USAF	05/04/2011	14/04/2011	to 62nd/446th AW, currently 62nd/446th AW.	

10-0401	50235/F.234/UE1 896C2B LPES 1223	UAE AF	29/04/2011	11/05/2011	accepted 10/05/2011, to Heavy Transport Squadron	US Testregistration N9500A
10-0402	50236/F.235/UE2 896C2C LPGM 1224	UAE AF	27/05/2011	12-23/06/2011	accepted 10/06/2011, to Heavy Transport Squadron	US Testregistration N9500R
09-9211	50237/F.236/P-211 AE49C7 CPKS	USAF	24/06/2011	07/07/2011	to 62nd/446th AW currently 62nd/446th AW	Named »The Spirit of the Medal of Honor«.
10-0403	50238/F.237/UE3 896C2D LPJS 1225	UAE AF	20/07/2011	28/07/2011	accepted 28/07/2011, to Heavy Transport Squadron	US Testregistration N9500A
10-0404	50239/F.238/UE4 896C2E LQAJ 1226	UAE AF	04/08/2011	16/10/2011	accepted 26/09/2011, to Heavy Transport Squadron	US Testregistration N9500R
09-0540	50240/F.239/AT5 7CF922 LPCK A41-210	RAAF	17/08/2011	14/09/2011	accepted 31/08/2011, to 36th Sqdn	
09-9212	50241/F.240/P-212 AE49C8 CPLR	USAF	24/09/2011	06/10/2011	to 62nd/446th AW, to 437th/315th AW 09/2013, currently 437th/315th AW	
10-0213	50242/F.241/P-213 AE4D66 CPLS	USAF	25/10/2011	09/11/2011	to 437th/315th AW, currently 437th/315th AW	
10-0214	50243/F.242/P-214 AE4D67 CPMS	USAF	28/11/2011	09/12/2011	to 437th/315th AW, currently 437th/315th AW	
10-0215	50244/F.243/P-215 AE4D68 CQAE	USAF	03/01/2012	26/01/2012	to 437th/315th AW, currently 437th/315th AW	Named »Spirit of Airborne«.
10-0216	50245/F.244/P-216 AE4D69 CQDG	USAF	15/02/2012	24/02/2012	to 62nd/446th AW, currently 62nd/44th AW	
12-0208	50246/F.245/UK8 43C208 KSDH ZZ178	RAF	21/03/2012	24/05/2012	accepted 18/05/2012, to 99th Sqdn	US Testregistration N9500N
10-0405	50247/F.246/UE5 896C2F LSBP 1227	UAE AF	03/04/2012	16/05/2012	accepted 16/05/2012, to Heavy Transport Squadron	
10-0406	50248/F.247/UE6 896C30 LSCJ 1228	UAE AF	04/06/2012	20/06/2012	accepted 20/06/2012, to Heavy Transport Squadron	US Testregistration N9500R
10-0217	50249/F.248/P-217 AE4D6A CQDH	USAF		17/07/2012	to 62nd/446th AW, currently 62nd/446th AW	
10-0218	50250/F.249/P-218 AE4F12 CQDJ	USAF	09/08/2012	14/09/2012	to 62nd/446th AW, currently 62nd/446th AW	
A7-MAC	50251/F.250/QA3 DEHJ	QEAF	20/09/2012	10/10/2012	accepted 09/10/2012, to 12th Sqdn	
10-0203 12-0211	50252/F.251/AT6 7CF925 LPCM	RAAF	24/10/2012	01/11/2012	accepted 01/11/2012, to 36th Sqdn	
A7-MAE	50253/F.252/QA4 DEHK	QEAF	20/11/2012	10/12/2012	accepted 10/10/2012, to 12h Sqdn	US Testregistration N9500R
10-0204 11-0101	50254/F.253/IND1 80078E AJKM CB-8001	IAF	11/01/2013	15/06/2013	accepted 22/01/2013, to 81st Sqdn	
10-0219	50255/F.254/P-219 AE4F13 CQDK	USAF	07/02/2013	20/02/2013	to 62nd/446th AW, currently 62nd/446th AW	
10-0220	50256/F.255/P-220 AE4F14 CRDJ	USAF	11/03/2013	7/03/2013	to 62nd/446th AW, currently 62nd/446th AW	
10-0221	50257/F.256/P-221 AE4F15 CRJS	USAF	12/04/2013	25/04/2013	to 437th/315th AW, currently 437th/315th AW	
10-0222	50258/F.257/P-222 L AE4F16 CSAF	USAF	15/05/2013	30/05/2013	to 437th/315th AW, currently 437th/315th AW	
11-0102	50259/F.258/IND2 80078F CFAM CB-8002	IAF	21/06/2013	07/2013	to 81th Sqdn	
	50260/F.259/IND3 800790 CHAK CB-8003	IAF	31/07/2013	20/08/2013	accepted 20/08/2013, to 81th Sqdn	

Kennzeichen	Seriennummern	Bestimmung	Erstflug	Auslieferung	Einsatzgeschichte	Bemerkung
11-0103 10-0223	50261/F.260/P-223 AE54B3, until 26/04/2014 AE4F17, until current CSBQ	USAF	29/08/2013	12/09/2013	to 437th/315th AW, currently 437th/315th AW	
CB-8004	50262/F.261/IND4 800791 DMFH	IAF		21/10/2013	accepted 20/10/2013, to 81st Sqdn	
CB-8005	50263/F.262/IND5 800792 EMDF 11-0104	IAF		24/11/2013	accepted 22/11/2013, to 81st Sqdn	
CB-8006	50264/F.263/IND6 800793 800793 11-0105 11-0106	IAF		21/11/2014	to 81st Sqdn	
KAF342	50265/F.264/KW1 706217 LMEQ 13-0001	KAF	30/01/2014	13/02/2014	accepted 13/02/2014, 41st Transport Squadron	First accepted date was 07/01/2014, but rejected.
CB-8007	50266/F.265/IND7 800794 FLCP 11-0107	IAF		2/12/2014	to 81st Sqdn	
KAF343	50267/F.266/KW2 706216 ARFH 13-0002	KAF		26/09/2014	to 41st Transport Squadron	
CB-8008	50268/F.267/IND8 800795 HMGQ	IAF		31/10/2014	to 81st Sqdn	
CB-8009	50269/F.268/IND9 800796 KLFH 11-0108			24/07/2014	22/07/2014, to 81st Sqdn	
CB-8010	50270/F.269/IND10 800797 MPAQ 11-0109	IAF		2/09/2014	to 81st Sqdn	
11-0110 14-0001	50271/F.270/AUS7 7CF9C4 LPBD A41-212	RAAF		04/09/2015	03/06/2015, to 36th Sqdn	US Testregistration N270ZD
14-0002	50272/F.271/AUS8 7CF9C5 LPBF A41-213	RAAF		24/07/2015	accepted 03/06/2015, to 36th Sqdn	US Testregistration N271ZD
14-0003	50273/F.272/IND11 CB-8011	IAF	6/07/2014	23/08/2019	to 81st Sqdn	US Testregistration N272ZD
177705	50274/F.273/CA05 C2B3FF HQBL			27/03/2015	accepted 25/03/2015, to 429th Sqdn	US Testregistration N273ZD
14-0004 14-0005	50275/F.274/QA5 EQAK A7-MAM	RCAF QEAF	20/06/2014	14/03/2016	to 12th Transport Squadron	US Testregistration N274ZD
14-0006	50276/F.275/QA6 ERHM A7-MAN	QEAF	24/11/2014	23/03/2016	02/03/2016, to 12th Transport Squadron	US Testregistration N275ZD
	50277/F.276/UE7 896C3E LSCJ 1229			26/05/2015	to Heavy Transport Squadron	US Testregistration N276ZD
14-0007	50278/F.277/UE8 896C40 1230	UAE AF		29/06/2015	accepted 26/05/2015	US Testregistration N277ZD
14-0008		UAE AF			accepted 29/06/2015	
14-0009	50279/F.278/QA7 HRCJ A7-MAO	QEAF	13/08/2015	26/05/2016	to 12th Transport Squadron	US Testregistration N278ZD
14-0010	50280/F.279/QA8 LQAS A7-MAP	QEAF	10/11/2015	26/02/2016	accepted 29/11/2015, to 12th Transport Squadron	US Testregistration N279ZD. Made flighpast at Long Beach as last produced aircraft.

Technische Daten und Kurzinformationen

Technische Daten der Boeing C-17 Globemaster III

Äußere Abmessungen	Spannweite bis Winglet-Spitze Länge Höhe am Heck Rumpfdurchmesser	169,8 ft (51,74 m) 174 Fuß (53,04 m) 55,1 Fuß (16,79 m) 22,5 Fuß (6,86 m)
Triebwerke	Vier Pratt & Whitney PW2040	je 40.440 Pfund Schub (militärische Bezeichnung F117-PW-100)
Bestuhlung	Seitenwand (fest installiert) Mittlere Reihe (an Bord gelagert)	54 (27 pro Seite, 18 Zoll breit, 24 Zoll Abstand von Mitte zu Mitte) 48 (in Sätzen von sechs Rücken an Rücken, 8 Sätze) Palettiert 80 auf 8 Paletten, plus 54 Passagiere auf Sitzen in der Seitenwand
Fluggastraum	Flugbesatzung Beobachterplätze Instrumentenanzeigen Navigationssystem Kommunikation Flugsteuerungssystem	2 Piloten 2 2 Vollzeit-Allfunktions-Head-up-Displays (HUD), 4 Multifunktions-Aktivmatrix-Flüssigkristallanzeigen Digitale Elektronik Integriertes Funkmanagementsystem mit offener Architektur des Kommunikationssystems (COSA) Vierfach-redundante elektronische Flugsteuerung mit mechanischem Backup-System
Flügel	Fläche Streckung Pfeilungswinkel Tragflächenprofil Wölbklappen	3.800 sq. ft. (353 sq. m) 7,165 25 Grad Typ Superkritisch Starrflügel, doppelt geschlitzt, einfach angelenkt
Höhenleitwerk	Fläche Spannweite Streckung Wölbung	845 sq. ft. (78,50 sq. m) 65 Fuß (19,81 m) 5,0 27 Grad

Quelle: Boeing

Kurzinformationen zur Boeing C-17 Globemaster III

Die C-17 kann

- von einem 2359,15 Meter (7.740 Fuß) hohen Flugplatz starten,
- eine Nutzlast von bis zu 74.797 kg (164.900 Pfund) transportieren,
- 6.230 nautische Meilen ohne Nutzlast fliegen,
- während des Fluges auftanken,
- in einer Höhe von höchstens 914 Metern (3.000 Fuß) auf einem kleinen unbefestigten oder befestigten Flugplatz bei Tag oder Nacht landen,
- eine Ladung von Radfahrzeugen der US-Armee in zwei nebeneinander liegenden Reihen, einschließlich des US-Kampfpanzers M-1 Abrams befördern,
- eine einzelne Nutzlast von 27.216 Kilogramm (60.000 Pfund) mit aufeinanderfolgenden Abwürfen von 49.895 Kilogramm (110.000 Pfund) abwerfen,
- rückwärtsfahren an einem 2-Prozent-Hang,
- 54 Sitzplätze an der Seitenwand und 48 in der Mittellinie zur Verfügung stellen.

Nationen und Staffeln

Nationen und Staffeln

Australien
Royal Australian Air Force
8 C-17A ER
No. 36 Squadron (Stand: Januar 2018).

Kanada
Royal Canadian Air Force
5 CC-177 (C-17A ER)
429. Transportstaffel, CFB Trenton (Stand: Jan. 2018).

Indien
Indische Luftwaffe
11 C-17
Nr. 81 Squadron (Skylords), Hindon AFS (ab Aug. 2019).

Kuwait
Kuwaitische Luftwaffe
2 C-17 (ab Jan. 2018).

Europa
3 C-17
Das multinationale Strategic Airlift Capability Heavy Airlift Wing - drei C-17 im Einsatz (Stand: Januar 2018), darunter eine C-17 der USAF; stationiert auf dem Luftwaffenstützpunkt Pápa, Ungarn.

Katar
Qatar Emiri Air Force
8 C-17A ER (Stand: Jan. 2018)

Vereinigte Arabische Emirate
Luftwaffe der Vereinigten Emirate
8 C-17A ER (Stand: Jan. 2018)

Vereinigtes Königreich
Royal Air Force
8 C-17A ER
No. 99 Squadron, RAF Brize Norton (Stand: Jan. 2018).

Vereinigte Staaten
United States Air Force
222 C-17
157 aktive, 47 Air National Guard, 18 Air Force Reserve (Stand: Januar 2018).
60th Air Mobility Wing - Travis Air Force Base, Kalifornien
21. Lufttransportstaffel
62. Lufttransportgeschwader - McChord AFB, Washington
4. Lufttransportstaffel
7. Lufttransportstaffel
8. Lufttransportstaffel
10. Lufttransportstaffel - (2003-2016)
305. Lufttransportgeschwader - McGuire Air Force Base, New Jersey
6. Lufttransportstaffel
385th Air Expeditionary Group - Luftwaffenstützpunkt Al Udeid, Katar
816. Lufttransportstaffel (Expeditionary Airlift Squadron)
436. Lufttransportgeschwader - Dover Air Force Base, Delaware
3d Lufttransportstaffel
437. Lufttransportgeschwader - Luftwaffenstützpunkt Charleston, South Carolina
14. Lufttransportstaffel
15. Lufttransportstaffel
16. Lufttransportstaffel
17. Lufttransportstaffel - (1993-2015)
3d Wing - Luftwaffenstützpunkt Elmendorf, Alaska
517. Lufttransportstaffel (assoziiert)
15. Geschwader - Luftwaffenstützpunkt Hickam, Hawaii
535. Lufttransportstaffel
97. Lufttransportgeschwader - Altus AFB, Oklahoma
58. Lufttransportstaffel
412. Testgeschwader - Edwards AFB, Kalifornien
418. Flugteststaffel

Luftwaffenreserve
315. Lufttransportgeschwader (assoziiert) - Charleston AFB, South Carolina
300. Lufttransportstaffel
317. Lufttransportstaffel
701. Lufttransportstaffel
349. Lufttransportgeschwader (angegliedert) - Travis AFB, Kalifornien
301. Lufttransportstaffel
445. Lufttransportgeschwader - Wright-Patterson AFB, Ohio
89. Lufttransportstaffel
446. Lufttransportgeschwader (angegliedert) - McChord AFB, Washington
97. Lufttransportstaffel
313. Lufttransportstaffel
728. Lufttransportstaffel
452d Lufttransportgeschwader - March ARB, Kalifornien
729. Lufttransportstaffel
507. Luftbetankungsgeschwader - Tinker AFB, Oklahoma
730. Lufttransport-Ausbildungsstaffel (Altus AFB)
512. Lufttransportgeschwader (assoziiert) - Dover AFB, Delaware
326. Lufttransportstaffel
514. Lufttransportgeschwader (angegliedert) - McGuire AFB, New Jersey
732d Lufttransportstaffel
911th Airlift Wing - Pittsburgh Air Reserve Station, Pennsylvania
758. Lufttransportstaffel

Luftnationalgarde
105. Lufttransportgeschwader - Stewart ANGB, New York
137. Lufttransportstaffel
145. Lufttransportgeschwader - Charlotte Air National Guard Base, North Carolina
156. Lufttransportstaffel
154. Geschwader - Hickam AFB, Hawaii
204. Lufttransportstaffel (assoziiert)
164. Lufttransportgeschwader - Memphis ANGB, Tennessee
155. Lufttransportstaffel
167. Lufttransportgeschwader - Shepherd Field ANGB, West Virginia
167. Lufttransportstaffel
172. Lufttransportgeschwader - Allen C. Thompson Field ANGB, Mississippi
183. Lufttransportstaffel
176. Geschwader - Elmendorf AFB, Alaska
144. Lufttransportstaffel

Quellenangabe

Dieses Buch entstand unter Heranziehung folgender historischer und aktueller Quellen:

- Internetseite der Boeing Aircraft Company
- Internetseite der US Air Force
- Internetseite der Royal Air Force
- Internetseite der Royal Australian Air Force
- Historische Dokumente der Boeing Aircraft Company
- Historische Dokumente von McDonnell Douglas
- McDonnell Douglas, A Tale Of Two Giants, Autor: Bill Yenne, Crescent Books, 1985

Dank

Besonderer Dank gilt:
Dalibor Ankovic, für die Bereitstellung zahlreicher Aufnahmen der C-17.
Peter Holzer, für die Auflistung sämtlicher produzierter C-17.

Vita Wolfgang Borgmann
Der »Aerojournalist«

Spannend und fachkundig erzählte Bücher rund um die faszinierendsten Aspekte der Fliegerei sind das Markenzeichen des Autors Wolfgang Borgmann. Seine große Begeisterung für die Fliegerei wurde ihm von seinen in der Luftfahrtbranche tätigen Eltern gewissermassen in die Wiege gelegt. Schon in jungen Jahren begann er mit dem Aufbau einer luftfahrthistorischen Sammlung, die zahlreiche seltene Fotos und Dokumente sowie spannende Hintergrundinformationen für seine Werke liefert.

Nach einem Volontariat im Jahr 1995, gefolgt von Festanstellungen bei Fachmagazinen sowie einer Luftfahrt PR-Agentur, ist Wolfgang Borgmann seit April 2000 als freier Buchautor tätig. Seit Februar 2022 verstärkt er als fest angestellter Redakteur das Team des führenden deutschen Zivilluftfahrtmagazins AERO INTERNATIONAL.

Bislang veröffentlichte er rund 30 Werke über die Geschichte der Luftfahrt. Seine Bücher werden in deutscher und englischer Sprache veröffentlicht – und weitere sind bereits in Arbeit!

www.aerojournalist.de

DAS MAGAZIN FÜR LUFT- UND RAUMFAHRT

Neben spektakulären Reportagen aus der Welt der Luft- und Raumfahrt findet man in der FLUG REVUE ausführliche Analysen zu den aktuellen weltweiten Entwicklungen bei Fluggesellschaften, Flughäfen, Herstellern, Militärluftfahrt, Raumfahrt und Technik.

Jeden Monat neu!

Aktuelle Ausgabe als Heft oder E-Paper bestellen:

Web: flugrevue.de/heft
Telefon: 0781 6396659
E-Mail: mps-bestellungen@burdadirect.de